21世纪高等学校计算机规划教材

21st Century University Planned Textbooks of Computer Science

U0743145

大学计算机基础实验指导与习题（Windows 7+Office 2010）

Practiec and Exercise for Fundamental of Computer

罗矛 主编

冯敏 陈一民 副主编

高校系列

人民邮电出版社

北 京

图书在版编目（CIP）数据

大学计算机基础实验指导与习题：Windows7+Office
2010 / 罗矛主编. -- 北京：人民邮电出版社，2014.9（2017.9 重印）
21世纪高等学校计算机规划教材. 高校系列
ISBN 978-7-115-35903-2

Ⅰ. ①大… Ⅱ. ①罗… Ⅲ. ①Windows操作系统—高
等学校—教学参考资料②办公自动化—应用软件—高等学
校—教学参考资料 Ⅳ. ①TP316.7②TP317.1

中国版本图书馆CIP数据核字(2014)第177704号

内 容 提 要

本书包含 20 个实验，以及与"全国计算机等级考试 MS Office 应用"相对应的操作练习题和理论题。这些实验设计时都从实用角度出发，在 Windows 7 操作系统和 Office 2010 平台上完成，并配有详细操作步骤，可操作性强。书中的操作题和理论题，难易适中，适合每一个初学者在学习过程中练习。

本书是《大学计算机基础（Windows 7+Office 2010）》的配套实践指导书，也可作为各行各业办公室人员的学习参考书。

◆ 主　编　罗　矛

　副主编　冯　敏　陈一民

　责任编辑　王　威

　执行编辑　范博涛

　责任印制　焦志炜

◆ 人民邮电出版社出版发行　　北京市丰台区成寿寺路 11 号
　邮编　100164　电子邮件　315@ptpress.com.cn
　网址　http://www.ptpress.com.cn
　北京京华虎彩印刷有限公司印刷

◆ 开本：787×1092　1/16
　印张：8　　　　　　　　　2014 年 9 月第 1 版
　字数：197 千字　　　　　2017 年 9 月北京第 5 次印刷

定价：22.00 元

读者服务热线：(010)81055256　印装质量热线：(010)81055316
反盗版热线：(010)81055315

前　言

随着计算机技术的迅猛发展，各个领域都需要熟练掌握计算机技术的应用型人才，这就促使越来越多的人们积极地学习和使用计算机。目前我国高等教育逐步实现大众化，为更好地满足我国高等院校从精英教育向大众化教育的转变，符合社会对应用型人才培养的需求，各个高等院校都把计算机基础知识作为公共必修课程，要求学生必须掌握计算机的基本技能。计算机应用技术不但是计算机及其相关专业的学生应当重点学习和掌握的，也是非计算机专业的学生应当学习的重要知识，更是一切从事计算机应用的各行各业人员应当掌握的重要技能之一。为了培养应用型本科人才，与社会需求相接轨，我们组织编写了本书。

本书作为《大学计算机基础（Windows 7+Office 2010）》的配套上机实验指导书，以学生能力的形成和发展为核心，侧重培养学生的计算机基本应用能力。本书还配有操作练习题和理论思考题，为学生将来参加全国计算机等级考试打下基础。

本书特色

（1）以实际工作中需要的技术、操作和使用技巧为主体，选取常用内容作为实验目标，既保证了知识体系的完整而又不过度强调理论的深度和难度，重在培养学生的实际应用能力。

（2）采用由浅入深和任务驱动的写法，通过 20 个实验任务，深入浅出地介绍了计算机基础知识的五大部分——Windows 系统、Internet 应用、Word、PowerPoint 和 Excel。所有任务都以实际应用为目标，用直接切入的直观模式展现，在讲述并完成实验的过程中将知识点融入其中，启发学生的思维，激发学生的学习兴趣，提高学生的学习效率。全部实验所需素材可访问 http://elearn.yxnu.net/jpkc/course_index.php?kcid=349 获得。

（3）使用 Windows 7 和 Office 2010 软件为平台，内容紧跟计算机技术的发展步伐，紧扣社会需求。

本书由玉溪师范学院具有多年计算机教学经验的三位教师编写，其中第二章、第三章、第四章由罗矛编写，第五章由冯敏编写，第六章由陈一民编写，操作练习题和理论思考题引用于网络题库。由于编者学识有限，书中难免会有不妥甚至错误之处，恳请广大读者批评指正。

编者
2014 年 4 月

目 录 CONTENTS

PART 1

第一章
计算机基础知识

练习题

1. 按电子计算机传统的分代方法，第一代至第四代计算机依次是_____。
   A. 机械计算机，电子管计算机，晶体管计算机，集成电路计算机
   B. 晶体管计算机，集成电路计算机，大规模集成电路计算机，光器件计算机
   C. 电子管计算机，晶体管计算机，小、中规模集成电路计算机，大规模和超大规模集成电路计算机
   D. 手摇机械计算机，电动机械计算机，电子管计算机，晶体管计算机

2. 世界上第一台计算机是 1946 年在美国研制成功的，该计算机的英文缩写名为_____。
   A. MARK－II   B. ENIAC   C. EDSAC   D. EDVAC

3. 冯·诺依曼在总结 ENIAC 的研制过程和制订 EDVAC 计算机方案时，提出两点改进意见，它们是_____。
   A. 采用 ASCII 编码集和指令系统
   B. 引入 CPU 和内存储器的概念
   C. 机器语言和十六进制
   D. 采用二进制和存储程序控制的概念

4. 关于世界上第一台电子计算机 ENIAC 的叙述中，错误的是_____。
   A. ENIAC 是 1946 年在美国诞生的
   B. 它主要采用电子管和继电器
   C. 它是首次采用存储程序和程序控制自动工作的电子计算机
   D. 研制它的主要目的是用来计算弹道

5. 世界上第一台电子数字计算机 ENIAC 是 1946 年研制成功的，其诞生的国家是_____。
   A. 美国   B. 英国   C. 法国   D. 瑞士

6. 世界上第一台电子数字计算机 ENIAC 是在美国研制成功的，其诞生的年份是_____。
   A. 1943   B. 1946   C. 1949   D. 1950

7. 世界上第一台计算机是 1946 年在美国研制成功的，其英文缩写名为_____。
   A. EDSAC   B. ENIAC   C. EDVAC   D. UNIVAC－I

8. 冯·诺依曼在他的 EDVAC 计算机方案中，提出了两个重要的概念，它们是_____。
   A. 采用二进制和存储程序控制的概念
   B. 引入 CPU 和内存储器的概念

C. 机器语言和十六进制

D. ASCII 编码和指令系统

9. 当代微型机中所采用的电子元器件是_____。

A. 电子管

B. 晶体管

C. 小规模集成电路

D. 大规模和超大规模集成电路

10. 第一代电子计算机中所采用的电子器件是_____。

A. 电子管

B. 晶体管

C. 小规模集成电路

D. 大规模和超大规模集成电路

11. 第二代电子计算机所采用的电子元件是_____。

A. 继电器　　　　B. 晶体管　　　　C. 电子管　　　　D. 集成电路

12. 计算机之所以能按人们的意图自动进行工作，最直接的原因是因为采用了_____。

A. 二进制　　　　B. 高速电子元件　C. 程序设计语言　D. 存储程序控制

13. 第三代计算机采用的电子元件是_____。

A. 晶体管　　　　　　　　　　B. 中、小规模集成电路

C. 大规模集成电路　　　　　　D. 电子管

14. 已知 A = 10111110B，B = AEH，C = 184D，下列关系成立的不等式是_____。

A. A<B<C　　B. B<C<A　　C. B<A<C　　D. C<B<A

15. 十进制数 57 转换成无符号二进制整数是_____。

A. 0111001　B. 0110101　　C. 0110011　　D. 0110111

16. 无符号二进制整数 1011010 转换成十进制数是_____。

A. 88　　　B. 90　　　C. 92　　　D. 93

17. 无符号二进制整数 1011000 转换成十进制数是_____。

A. 76　　　B. 78　　　C. 88　　　D. 90

18. 已知 a = 00101010B 和 b = 40D，下列关系式成立的是_____。

A. a>b　　　B. a = b　　　C. a<b　　　D. 不能比较

19. 十进制数 59 转换成无符号二进制整数是_____。

A. 0111101　B. 0111011　　C. 0111101　　D. 0111111

20. 无符号二进制整数 110111 转换成十进制数是_____。

A. 49　　　B. 51　　　C. 53　　　D. 55

21. 十进制数 60 转换成无符号二进制整数是_____。

A. 0111100　B. 0111010　　C. 0111000　　D. 0110110

22. 十进制数 32 转换成无符号二进制整数是_____。

A. 100000　B. 100100　　C. 100010　　D. 101000

23. 无符号二进制整数 1001001 转换成十进制数是_____。

A. 72　　　B. 71　　　C. 75　　　D. 73

24. 设任意一个十进制整数为 D，转换成二进制数为 B。根据数制的概念，下列叙述中正确的是_____。

A. 数字 B 的位数＜数字 D 的位数

B. 数字 B 的位数≤数字 D 的位数

C. 数字 B 的位数≥数字 D 的位数

D. 数字 B 的位数＞数字 D 的位数

25. 无符号二进制整数 111110 转换成十进制数是_____。

A. 62   B. 60   C. 58   D. 56

26. 十进制数 39 转换成无符号二进制整数是_____。

A. 100011   B. 100101   C. 100111   D. 100011

27. 十进制整数 75 转换成无符号二进制整数是_____。

A. 01000111   B. 01001011   C. 01011101   D. 01010001

28. 无符号二进制整数 00110011 转换成十进制整数是_____。

A. 48   B. 49   C. 51   D. 53

29. 一个字长为 7 位的无符号二进制整数能表示的十进制数值范围是_____。

A. 0～256   B. 0～255   C. 0～128   D. 0～127

30. 如果在一个非零无符号二进制整数后添加一个 0，则此数的值为原数的_____。

A. 1/4   B. 1/2   C. 2 倍   D. 4 倍

31. 十进制整数 86 转换成无符号二进制整数是_____。

A. 01011110   B. 01010100   C. 010100101   D. 01010110

32. 无符号二进制整数 01110101 转换成十进制整数是_____。

A. 113   B. 115   C. 116   D. 117

33. 如果删除一个非零无符号二进制偶整数后的一个 0，则此数的值为原数的_____。

A. 4 倍   B. 2 倍   C. 1/2   D. 1/4

34. 十进制整数 95 转换成无符号二进制整数是_____。

A. 01011111   B. 01100001   C. 01011011   D. 01100111

35. 如果删除一个非零无符号二进制偶整数后的 2 个 0，则此数的值为原数的_____。

A. 4 倍   B. 2 倍   C. 1/2   D. 1/4

36. 无符号二进制整数 01011010 转换成十进制整数是_____。

A. 80   B. 82   C. 90   D. 92

37. 如果在一个非零无符号二进制整数之后添加一个 0，则此数的值为原数的_____。

A. 4 倍   B. 2 倍   C. 1/2   D. 1/4

38. 设任意一个十进制整数 D，转换成对应的无符号二进制整数为 B，那么就这两个数字的长度(即位数)而言，B 与 D 相比_____。

A. B 的数字位数一定小于 D 的数字位数

B. B 的数字位数一定大于 D 的数字位数

C. B 的数字位数小于或等于 D 的数字位数

D. B 的数字位数大于或等于 D 的数字位数

39. 十进制整数 100 转换成无符号二进制整数是_____。

A. 01100110   B. 01101000   C. 01100010   D. 01100100

40. 无符号二进制整数 01001001 转换成十进制整数是_____。

A. 69   B. 71   C. 73   D. 75

41. 十进制整数 101 转换成无符号二进制整数是_____。

A. 00110101   B. 01101011   C. 01100101   D. 01011011

42. 无符号二进制整数 10000001 转换成十进制数是_____。

A. 119   B. 121   C. 127   D. 129

43. 已知 a = 00111000B 和 b = 2FH，下列关系式正确的是_____。

A. a>b   B. a = b   C. a<b   D. 不能比较

44. 十进制数 101 转换成无符号二进制数是_____。

A. 01101011   B. 01100011   C. 01100101   D. 01101010

45. 一个字长为 6 位的无符号二进制数能表示的十进制数值范围是_____。

A. 0～64   B. 0～63   C. 1～64   D. 1～63

46. 十进制数 89 转换成无符号二进制数是_____。

A. 1010101   B. 1011001   C. 1011011   D. 1010011

47. 无符号二进制数 1100100 等于十进制数_____。

A. 96   B. 100   C. 104   D. 112

48. 已知三个用不同数制表示的整数 A = 00111101B，B = 3CH，C = 64D，下列能成立的关系式是_____。

A. A<B<C   B. B<C<A   C. B<A<C   D. C<B<A

49. 下列叙述中，正确的是_____。

A. Word 文档不会带计算机病毒

B. 计算机病毒具有自我复制的能力，能迅速扩散到其他程序上

C. 清除计算机病毒的最简单办法是删除所有感染了病毒的文件

D. 计算机杀毒软件可以查出和清除任何已知或未知的病毒

50. 下列关于计算机病毒的叙述中，正确的是_____。

A. 计算机病毒的特点之一是具有免疫性

B. 计算机病毒是一种有逻辑错误的小程序

C. 反病毒软件必须随着新病毒的出现而升级，提高查、杀病毒的功能

D. 感染过计算机病毒的计算机具有对该病毒的免疫性

51. 随着 Internet 的发展，越来越多的计算机感染病毒的可能途径之一是_____。

A. 从键盘上输入数据

B. 通过电源线

C. 所使用的光盘表面不清洁

D. 通过 Internet 附着在电子邮件的信息中

52. 当计算机病毒发作时，主要造成的破坏是_____。

A. 对磁盘片的物理损坏

B. 对磁盘驱动器的损坏

C. 对 CPU 的损坏

D. 对存储在硬盘上的程序、数据甚至系统的破坏

53. 下列关于计算机病毒的叙述中，正确的是_____。

A. 计算机病毒只感染 .exe 或 .com 文件

B. 计算机病毒可通过读/写移动存储设备或通过 Internet 网络进行传播

C. 计算机病毒是通过电网进行传播的

D. 计算机病毒是由于程序中的逻辑错误造成的

54. 下列关于计算机病毒的说法中，正确的是_____。

A. 计算机病毒是对计算机操作人员身体有害的生物病毒

B. 计算机病毒将造成计算机的永久性物理损害

C. 计算机病毒是一种通过自我复制进行传染的、破坏计算机程序和数据的小程序

D. 计算机病毒是一种感染在 CPU 中的微生物病毒

55. 传播计算机病毒的两大可能途径之一是_____。

A. 通过键盘输入数据时传入

B. 通过电源线传播

C. 通过使用表面不清洁的光盘

D. 通过 Internet 传播

56. 感染计算机病毒的原因之一是_____。

A. 不正常关机　　　　　　　　　B. 光盘表面不清洁

C. 错误操作　　　　　　　　　　D. 从网上下载文件

57. 下列叙述中，正确的是_____。

A. 所有计算机病毒只在可执行文件中传染

B. 计算机病毒主要通过读/写移动存储器或 Internet 进行传播

C. 只要把带病毒的优盘设置成只读状态，那么此盘上的病毒就不会因读盘而传染给另一台计算机

D. 计算机病毒是由于光盘表面不清洁而造成的

58. 计算机病毒除通过读写或复制移动存储器上带病毒的文件传染外，另一条主要的传染途径是_____。

A. 网络　　　　　　　　　　　　B. 电源电缆

C. 键盘　　　　　　　　　　　　D. 输入有逻辑错误的程序

59. 下列叙述中，正确的是_____。

A. 计算机病毒只在可执行文件中传染

B. 计算机病毒主要通过读/写移动存储器或 Internet 进行传播

C. 只要删除所有感染了病毒的文件就可以彻底消除病毒

D. 计算机杀毒软件可以查出和清除任意已知的和未知的计算机病毒

60. 计算机感染病毒的可能途径之一是_____。

A. 从键盘上输入数据

B. 随意运行外来的、未经杀毒软件严格审查的优盘上的软件

C. 所使用的光盘表面不清洁

D. 电源不稳定

61. 下列关于计算机病毒的叙述中，错误的是_____。

A. 计算机病毒具有潜伏性

B. 计算机病毒具有传染性

C. 感染过计算机病毒的计算机具有对该病毒的免疫性

D. 计算机病毒是一个特殊的寄生程序

62. 下列关于计算机病毒的说法中，正确的是_____。

A. 计算机病毒是一种有损计算机操作人员身体健康的生物病毒

B. 计算机病毒发作后，将造成计算机硬件永久性的物理损坏

C. 计算机病毒是一种通过自我复制进行传染的、破坏计算机程序和数据的小程序

D. 计算机病毒是一种有逻辑错误的程序

63. 下列关于计算机病毒的叙述中，正确的是_____。

A. 反病毒软件可以查、杀任何种类的病毒

B. 计算机病毒是一种被破坏了的程序

C. 反病毒软件必须随着新病毒的出现而升级，提高查、杀病毒的功能

D. 感染过计算机病毒的计算机具有对该病毒的免疫性

64. 计算机病毒是指能够侵入计算机系统并在计算机系统中潜伏、传播、破坏系统正常工作的一种具有繁殖能力的_____。

A. 流行性感冒病毒   B. 特殊小程序

C. 特殊微生物   D. 源程序

65. 下列叙述中，正确的是_____。

A. 字长为 16 位表示这台计算机最大能计算一个 16 位的十进制数

B. 字长为 16 位表示这台计算机的 CPU 一次能处理 16 位的二进制数

C. 运算器只能进行算术运算

D. SRAM 的集成度高于 DRAM

66. 目前市售的 USB Flash Disk（俗称优盘）是一种_____。

A. 输出设备   B. 输入设备   C. 存储设备   D. 显示设备

67. 计算机硬件系统主要包括运算器、存储器、输入设备、输出设备和_____。

A. 控制器   B. 显示器   C. 磁盘驱动器   D. 打印机

68. 下列设备组中，完全属于外部设备的一组是_____。

A. 激光打印机，移动硬盘，鼠标器

B. CPU，键盘，显示器

C. SRAM 内存条，CD-ROM 驱动器，扫描仪

D. 优盘，内存储器，硬盘

69. Cache 的中文译名是_____。

A. 缓冲器   B. 只读存储器

C. 高速缓冲存储器   D. 可编程只读存储器

70. 对 CD-ROM 可以进行的操作是_____。

A. 读或写   B. 只能读不能写

C. 只能写不能读   D. 能存不能取

71. 下列关于 CPU 的叙述中，正确的是_____。

A. CPU 能直接读取硬盘上的数据

B. CPU 能直接与内存储器交换数据

C. CPU 的主要组成部分是存储器和控制器

D. CPU 主要用来执行算术运算

72. 下列叙述中，错误的是_____。

A. 硬盘在主机箱内，它是主机的组成部分

B. 硬盘属于外部存储器

C. 硬盘驱动器既可做输入设备又可做输出设备用

D. 硬盘与 CPU 之间不能直接交换数据

73. 下列选项中，不属于显示器主要技术指标的是_____。

A. 分辨率　　　　B. 重量　　　　C. 像素的点距　　D. 显示器的尺寸

74. 下面关于随机存取存储器（RAM）的叙述中，正确的是_____。

A. RAM 分静态 RAM（SRAM）和动态 RAM（DRAM）两大类

B. SRAM 的集成度比 DRAM 高

C. DRAM 的存取速度比 SRAM 快

D. DRAM 中存储的数据无须"刷新"

75. 硬盘属于_____。

A. 内部存储器　　　　　　　　B. 外部存储器

C. 只读存储器　　　　　　　　D. 输出设备

76. 显示器的主要技术指标之一是_____。

A. 分辨率　　　　　　　　　B. 扫描频率

C. 重量　　　　　　　　　　D. 耗电量

77. 下面关于随机存取存储器（RAM）的叙述中，正确的是_____。

A. 存储在 SRAM 或 DRAM 中的数据在断电后将全部丢失且无法恢复

B. SRAM 的集成度比 DRAM 高

C. DRAM 的存取速度比 SRAM 快

D. DRAM 常用来做 Cache 用

78. 下面关于 USB 的叙述中，错误的是_____。

A. USB 接口的外表尺寸比并行接口大得多

B. USB2.0 的数据传输率大大高于 USB1.1

C. USB 具有热插拔与即插即用的功能

D. 在 Windows XP 下，使用 USB 接口连接的外部设备（如移动硬盘、优盘等）不需要驱动程序

79. 把内存中的数据保存到硬盘上的操作称为_____。

A. 显示　　　　B. 写盘　　　　C. 输入　　　　D. 读盘

80. 下面关于随机存取存储器（RAM）的叙述中，正确的是_____。

A. 静态 RAM（SRAM）集成度低，但存取速度快且无须"刷新"

B. DRAM 的集成度高且成本高，常做 Cache 用

C. DRAM 的存取速度比 SRAM 快

D. DRAM 中存储的数据断电后不会丢失

81. 下面关于 USB 的叙述中，错误的是_____。

A. USB 的中文名为"通用串行总线"

B. USB2.0 的数据传输率大大高于 USB1.1

C. USB 具有热插拔与即插即用的功能

D. USB 接口连接的外部设备（如移动硬盘、优盘等）必须另外供应电源

82. 鼠标器是当前计算机中常用的_____。

A. 控制设备　　B. 输入设备　　C. 输出设备　　　D. 浏览设备

83. CD-ROM 是_____。

A. 大容量可读可写外存储器

B. 大容量只读外存储器

C. 可直接与 CPU 交换数据的存储器

D. 只读内部存储器

84. 组成 CPU 的主要部件是_____。

A. 运算器和控制器   B. 运算器和存储器

C. 控制器和寄存器   D. 运算器和寄存器

85. 随机存取存储器（RAM）的最大特点是_____。

A. 存储量极大，属于海量存储器

B. 存储在其中的信息可以永久保存

C. 一旦断电，存储在其上的信息将全部消失，且无法恢复

D. 计算机中，只是用来存储数据的

86. 把硬盘上的数据传送到计算机内存中去的操作称为_____。

A. 读盘   B. 写盘   C. 输出   D. 存盘

87. 组成微型计算机主机的硬件除 CPU 外，还有_____。

A. RAM   B. RAM、ROM 和硬盘

C. RAM 和 ROM   D. 硬盘和显示器

88. 下列度量单位中，用来度量计算机网络数据传输速率(比特率)的是_____。

A. MB/s   B. MIPS

C. GHz   D. Mbit/s

89. USB1.1 和 USB2.0 的区别之一在于传输率不同，USB1.1 的传输率是_____。

A. 150KB/s   B. 12MB/s   C. 480MB/s   D. 48MB/s

90. 随机存储器中，有一种存储器需要周期性的补充电荷以保证所存储信息的正确，它称为_____。

A. 静态 RAM（SRAM）   B. 动态 RAM（DRAM）

C. RAM   D. Cache

91. 下列度量单位中，用来度量计算机外部设备传输率的是_____。

A. MB/s   B. MIPS   C. GHz   D. MB

92. 计算机硬件系统主要包括：中央处理器(CPU)、存储器和_____。

A. 显示器和键盘   B. 打印机和键盘

C. 显示器和鼠标器   D. 输入/输出设备

93. 英文缩写 ROM 的中文名译名是_____。

A. 高速缓冲存储器   B. 只读存储器

C. 随机存取存储器   D. 优盘

94. 当前流行的移动硬盘或优盘进行读/写时利用的计算机接口是_____。

A. 串行接口   B. 平行接口

C. USB   D. UBS

95. 用来存储当前正在运行的应用程序和其相应数据的存储器是_____。

A. RAM   B. 硬盘

C. ROM   D. CD-ROM

96. 在 CPU 中，除了内部总线和必要的寄存器外，主要的两大部件分别是运算器和_____。

A. 控制器   B. 存储器   C. Cache   D. 编辑器

97. 微型计算机的硬件系统中最核心的部件是_____。

A. 内存储器 B. 输入/输出设备

C. CPU D. 硬盘

98. 下列各存储器中，存取速度最快的一种是_____。

A. Cache B. 动态 RAM（DRAM）

C. CD-ROM D. 硬盘

99. 下列叙述中，错误的是_____。

A. 内存储器一般由 ROM 和 RAM 组成

B. RAM 中存储的数据一旦断电就全部丢失

C. CPU 可以直接存取硬盘中的数据

D. 存储在 ROM 中的数据断电后也不会丢失

100. 下列计算机技术词汇的英文缩写和中文名字对照中，错误的是_____。

A. CPU——中央处理器

B. ALU——算术逻辑部件

C. CU——控制部件

D. OS——输出服务

101. 计算机操作系统通常具有的五大功能是_____。

A. CPU 管理、显示器管理、键盘管理、打印机管理和鼠标器管理

B. 硬盘管理、软盘驱动器管理、CPU 管理、显示器管理和键盘管理

C. 处理器(CPU)管理、存储管理、文件管理、设备管理和作业管理

D. 启动、打印、显示、存取文件和关机

102. 下列关于软件的叙述中，错误的是_____。

A. 计算机软件系统由程序和相应的文档资料组成

B. Windows 操作系统是系统软件

C. Word 2010 是应用软件

D. 软件具有知识产权，不可以随便复制使用

103. 一个完整的计算机软件应包含_____。

A. 系统软件和应用软件

B. 编辑软件和应用软件

C. 数据库软件和工具软件

D. 程序、相应数据和文档

104. 下面关于操作系统的叙述中，正确的是_____。

A. 操作系统是计算机软件系统中的核心软件

B. 操作系统属于应用软件

C. Windows 是 PC 唯一的操作系统

D. 操作系统的五大功能是：启动、打印、显示、存取文件和关机

105. 下列软件中，属于应用软件的是_____。

A. Windows XP B. PowerPoint 2003

C. UNIX D. Linux

106. 下列软件中，不是操作系统的是_____。

A. Linux B. UNIX C. MS-DOS D. MS-Office

107. 操作系统将 CPU 的时间资源划分成极短的时间片，然后轮流分配给各终端用户，使终端用户单独分享 CPU 的时间片，并有独占计算机的感觉，这种操作系统称为_____。

A. 实时操作系统　　　　　　　B. 批处理操作系统
C. 分时操作系统　　　　　　　D. 分布式操作系统

108. 下列软件中，属于系统软件的是_____。

A. C++编译程序　　　　　　　B. Excel 2003
C. 学籍管理系统　　　　　　　D. 财务管理系统

109. 软件（1）Office 2003；（2）Windows XP；（3）UNIX；（4）AutoCAD；（5）Oracle；（6）Photoshop；（7）Linux，其中属于应用软件的是_____。

A. （1）、（4）、（5）、（6）　　　B. （1）、（3）、（4）
C. （2）、（4）、（5）、（6）　　　D. （1）、（4）、（6）

110. 当前微机上运行的 Windows 属于_____。

A. 批处理操作系统　　　　　　B. 单任务操作系统
C. 多任务操作系统　　　　　　D. 分时操作系统

111. 操作系统是计算机的软件系统中_____。

A. 最常用的应用软件　　　　　B. 最核心的系统软件
C. 最通用的专用软件　　　　　D. 最流行的通用软件

112. 下列各组软件中，全部属于应用软件的一组是_____。

A. Windows 2000，WPS Office 2003，Word 2000
B. UNIX，Visual FoxPro，AutoCAD
C. MS-DOS，用友财务软件，学籍管理系统
D. Word 2000，Excel 2000，金山词霸

113. 一个计算机操作系统通常应具有的功能模块有_____。

A. CPU 管理、显示器管理、键盘管理、打印机管理和鼠标器管理五大功能
B. 硬盘管理、软盘驱动器管理、CPU 管理、显示器管理和键盘管理五大功能
C. 处理器(CPU)管理、存储管理、文件管理、输入/输出管理和任务管理五大功能
D. 计算机启动、打印、显示、存取文件和关机五大功能

114. 微机上广泛使用的 Windows XP 是_____。

A. 多用户多任务操作系统
B. 单用户多任务操作系统
C. 实时操作系统
D. 多用户分时操作系统

115. 计算机系统软件中最核心、最重要的是_____。

A. 语言处理系统　　　　　　　B. 数据库管理系统
C. 操作系统　　　　　　　　　D. 诊断程序

116. 下列叙述中，错误的是_____。

A. 把数据从内存传输到硬盘叫写盘
B. WPS Office 2003 属于系统软件
C. 把源程序转换为机器语言的目标程序的过程叫编译
D. 在计算机内部，数据的传输、存储和处理都使用二进制编码

117. 计算机软件系统包括_____。

A. 系统软件和应用软件

B. 编译系统和应用软件

C. 数据库管理系统和数据库

D. 程序和文档

118. 计算机系统软件中，最基本、最核心的软件是_____。

A. 操作系统　　　　　　　　　　B. 数据库系统

C. 程序语言处理系统　　　　　　D. 系统维护工具

119. 计算机操作系统的作用是_____。

A. 统一管理计算机系统的全部资源，合理组织计算机的工作流程，以充分发挥计算机资源的效率；为用户提供使用计算机的友好界面

B. 对用户文件进行管理，方便用户存取

C. 执行用户的各类命令

D. 管理各类输入/输出设备

120. 操作系统是计算机系统中的_____。

A. 主要硬件　　　　　　　　　　B. 系统软件

C. 工具软件　　　　　　　　　　D. 应用软件

121. 下列各组软件中，全部属于系统软件的一组是_____。

A. 程序语言处理程序、操作系统、数据库管理系统

B. 文字处理程序、编辑程序、操作系统

C. 财务处理软件、金融软件、网络系统

D. WPS Office 2003、Excel 2000、Windows 98

122. 操作系统中的文件管理系统为用户提供的功能是_____。

A. 按文件作者存取文件

B. 按文件名管理文件

C. 按文件创建日期存取文件

D. 按文件大小存取文件

123. 微机上广泛使用的 Windows 是_____。

A. 多任务操作系统　　　　　　　B. 单任务操作系统

C. 实时操作系统　　　　　　　　D. 批处理操作系统

124. 操作系统的主要功能是_____。

A. 对用户的数据文件进行管理，为用户管理文件提供方便

B. 对计算机的所有资源进行统一控制和管理，为用户使用计算机提供方便

C. 对源程序进行编译和运行

D. 对汇编语言程序进行翻译

125. 计算机操作系统通常具有的五大功能是_____。

A. CPU 管理、显示器管理、键盘管理、打印机管理和鼠标器管理

B. 硬盘管理、软盘驱动器管理、CPU 管理、显示器管理和键盘管理

C. 处理器(CPU)管理、存储管理、文件管理、设备管理和作业管理

D. 启动、打印、显示、存取文件和关机

126. 计算机软件分系统软件和应用软件两大类，系统软件的核心是_____。

A. 数据库管理系统　　　　　　　B. 操作系统

C. 程序语言系统   D. 财务管理系统

127. 软件（1）WPS Office 2003；（2）Windows 2000；（3）财务管理软件；（4）UNIX；（5）学籍管理系统；（6）MS-DOS；（7）Linux，其中属于应用软件的有_____。

    A. （1）、（2）、（3）   B. （1）、（3）、（5）

    C. （1）、（3）、（5）、（7）   D. （2）、（4）、（6）、（7）

128. 计算机软件系统包括_____。

    A. 程序、数据和相应的文档

    B. 系统软件和应用软件

    C. 数据库管理系统和数据库

    D. 编译系统和办公软件

129. 计算机操作系统的主要功能是_____。

    A. 对计算机的所有资源进行控制和管理，为用户使用计算机提供方便

    B. 对源程序进行翻译

    C. 对用户数据文件进行管理

    D. 对汇编语言程序进行翻译

130. 对计算机操作系统的作用描述完整的是_____。

    A. 管理计算机系统的全部软、硬件资源，合理组织计算机的工作流程，以充分发挥计算机资源的效率，为用户提供使用计算机的友好界面

    B. 对用户存储的文件进行管理，方便用户使用

    C. 执行用户键入的各类命令

    D. 为汉字操作系统提供运行的基础

131. 下列各组软件中，全部属于应用软件的是_____。

    A. 程序语言处理程序、操作系统、数据库管理系统

    B. 文字处理程序、编辑程序、UNIX 操作系统

    C. 财务处理软件、金融软件、WPS Office 2003

    D. Word 2000、Photoshop、Windows 98

132. 完整的计算机软件指的是_____。

    A. 程序、数据与相应的文档

    B. 系统软件与应用软件

    C. 操作系统与应用软件

    D. 操作系统和办公软件

133. 下列叙述中，错误的是_____。

    A. 把数据从内存传输到硬盘的操作称为写盘

    B. WPS Office 2003 属于系统软件

    C. 把高级语言源程序转换为等价的机器语言目标程序的过程叫编译

    D. 计算机内部对数据的传输、存储和处理都使用二进制

134. 计算机系统软件中最核心的是_____。

    A. 语言处理系统   B. 操作系统

    C. 数据库管理系统   D. 诊断程序

135. 下列软件中，属于应用软件的是_____。

    A. Windows XP   B. UNIX

C. Linux   D. WPS Office 2003

136. 微型计算机诞生于_____。

A. 1971 年   B. 1946 年   C. 1949 年   D. 1970 年

137. 世界上首次提出存储程序计算机体系结构的是_____。

A. 莫奇莱   B. 艾伦·图灵   C. 乔治·布尔   D. 冯·诺依曼

138. 世界上第一台电子数字计算机采用的主要逻辑部件是_____。

A. 电子管   B. 晶体管   C. 继电器   D. 光电管

139. 下列叙述正确的是_____。

A. 世界上第一台电子计算机 ENIAC 首次实现了"存储程序"方案

B. 按照计算机的规模，人们把计算机的发展过程分为四个时代

C. 微型计算机最早出现于第三代计算机中

D. 冯·诺依曼提出的计算机体系结构奠定了现代计算机的结构理论基础

140. 一个完整的计算机系统应包括_____。

A. 系统硬件和系统软件

B. 硬件系统和软件系统

C. 主机和外部设备

D. 主机、键盘、显示器和辅助存储器

141. 微型计算机硬件系统的性能主要取决于_____。

A. 微处理器   B. 内存储器   C. 显示适配卡   D. 硬盘存储器

142. 微型计算机中，运算器的主要功能是进行_____。

A. 逻辑运算   B. 算术运算

C. 算术运算和逻辑运算   D. 复杂方程的求解

143. 下列存储器中，存取速度最快的是_____。

A. 软盘存储器   B. 硬盘存储器   C. 光盘存储器   D. 内存储器

144. 微型计算机中，控制器的基本功能是_____。

A. 存储各种控制信息   B. 传输各种控制信号

C. 产生各种控制信息   D. 控制系统各部件正确地执行程序

145. 下列四条叙述中，属 RAM 特点的是_____。

A. 可随机读写数据，且断电后数据不会丢失

B. 可随机读写数据，断电后数据将全部丢失

C. 只能顺序读写数据，断电后数据将部分丢失

D. 只能顺序读写数据，且断电后数据将全部丢失

146. 在微型计算机中，运算器和控制器合称为_____。

A. 逻辑部件   B. 算术运算部件

C. 微处理器   D. 算术和逻辑部件

147. 你认为最能准确反映计算机主要功能的是_____。

A. 计算机可以代替人的脑力劳动   B. 计算机可以存储大量信息

C. 计算机是一种信息处理机   D. 计算机可以实现高速度的运算

148. 下列设备中，属于输出设备的是_____。

A. 扫描仪   B. 显示器   C. 触摸屏   D. 光笔

149. 下列设备中，属于输入设备的是_____。

A. 声音合成器　　　B. 激光打印机　　C. 光笔　　　　　D. 显示器

150. 磁盘存储器存、取信息的最基本单位是_____。

A. 字节　　　　　　B. 字长　　　　　C. 扇区　　　　　D. 磁道

151. 32 位微机中的 32 是指该微机_____。

A. 能同时处理 32 位二进制数

B. 能同时处理 32 位十进制数

C. 具有 32 根地址总线

D. 运算精度可达小数点后 32 位

152. 将十进制数 93 转换为无符号二进制数为_____。

A. 1110111　　　　　　　　　　B. 1110101

C. 1010111　　　　　　　　　　D. 1011101

153. 微型计算机中普遍使用的字符编码是_____。

A. BCD 码　　　　B. 拼音码　　　　C. 补码　　　　　D. ASCII 码

154. 下列描述中，正确的是_____。

A. 1KB = 1 024 × 1 024Byte

B. 1MB = 1 024　× 1 024Byte

C. 1KB = 1 024MB

D. 1MB = 1 024Byte

155. 下列英文中，可以作为计算机中数据单位的是_____。

A. Bit　　　　　　B. Byte　　　　　C. Bout　　　　　D. BanD

156. 计算机能够直接识别和处理的语言是_____。

A. 汇编语言　　　　B. 自然语言　　　C. 机器语言　　　D. 高级语言

157. 发现微型计算机染有病毒后，较为彻底的清除方法是_____。

A. 用查毒软件处理　　　　　　　B. 用杀毒软件处理

C. 删除磁盘文件　　　　　　　　D. 重新格式化磁盘

158. 操作系统的功能是_____。

A. 处理机管理、存储器管理、设备管理、文件管理

B. 运算器管理、控制器管理、打印机管理、磁盘管理

C. 硬盘管理、软盘管理、存储器管理、文件管理

D. 程序管理、文件管理、编译管理、设备管理

159. 在计算机上插优盘的接口通常是_____标准接口。

A. UPS　　　　　　B. USP　　　　　C. UBS　　　　　D. USB

160. 所谓热启动是指_____。

A. 计算机发热时应重新启动　　　B. 不断电状态下的重新启动

C. 重新由硬盘启动　　　　　　　D. 计算机的自动启动

161. 计算机的最小信息单位是_____。

A. Byte　　　　　　B. Bit　　　　　C. KB　　　　　　D. GB

162. 一个汉字的编码占用_____字节。

A. 1　　　　　　　B. 2　　　　　　C. 3　　　　　　D. 4

PART 2

第二章
Windows 7 操作系统

实验　建立自己的文件夹和文件

一、实验目的

利用 Windows 7 的各种基本功能，建立自己的文件夹和各种类型文件。各类文件分别保存在不同的文件夹中以便于使用，再为将来可能会用到的各种文件预先建立好相应的文件夹。

二、实验效果

初始效果（建立各层文件夹和快捷方式）如图 2-1 所示。

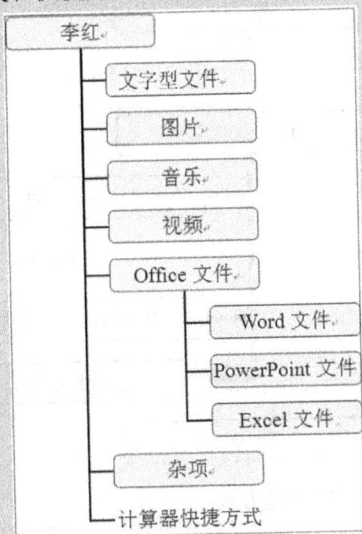

图 2-1　初始效果

中间效果（建立和复制各种文件）如图 2-2 所示。

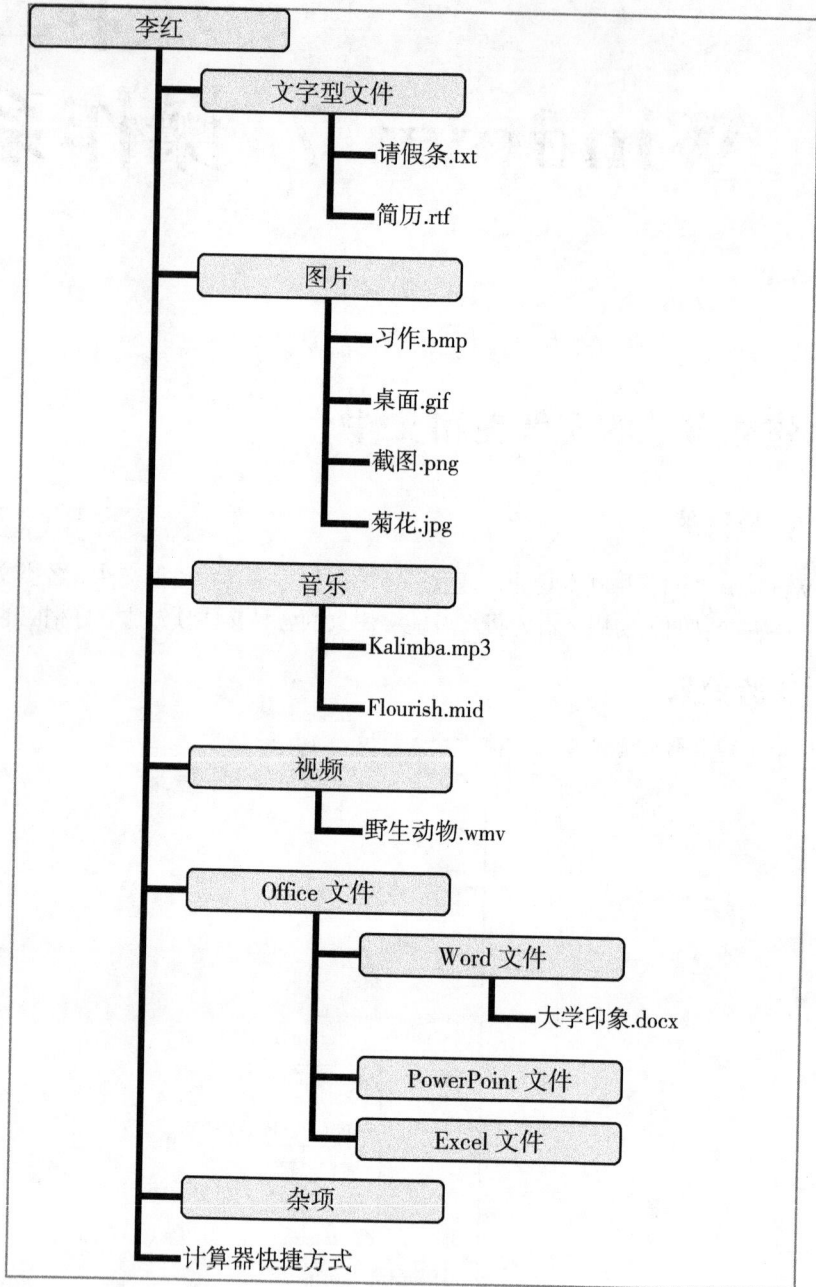

```
李红
├── 文字型文件
│       ├── 请假条.txt
│       └── 简历.rtf
├── 图片
│       ├── 习作.bmp
│       ├── 桌面.gif
│       ├── 截图.png
│       └── 菊花.jpg
├── 音乐
│       ├── Kalimba.mp3
│       └── Flourish.mid
├── 视频
│       └── 野生动物.wmv
├── Office 文件
│       ├── Word 文件
│       │       └── 大学印象.docx
│       ├── PowerPoint 文件
│       └── Excel 文件
├── 杂项
└── 计算器快捷方式
```

图 2-2　中间效果

最终效果（移动、改名、删除和属性设置操作）如图 2-3 所示。

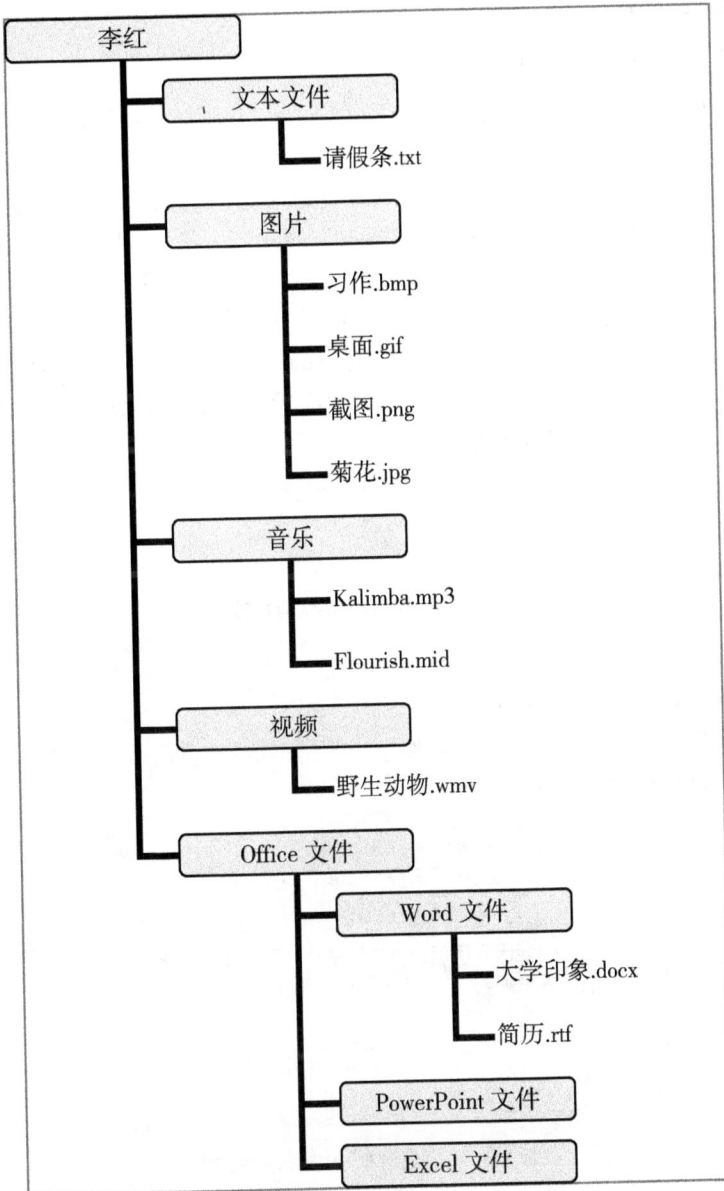

图 2-3　最终效果

三、实验内容

1．创建文件夹和快捷方式。

（1）选择某个磁盘，选择"文件"→"新建"→"文件夹"命令（以下统一简写为"文件"→"新建"→"文件夹"形式），在"新建文件夹"的名字处输入"李红"，按【Enter】键。

（2）按步骤"（1）"的操作依次制作"李红"文件夹内部的各个文件夹及其子文件夹，文件名分别是"文字型文件"、"图片"、"音乐"、"视频"、"Office"文件（其中包含的子文件夹为"Word文件"、"PowerPoint文件"、"Excel文件"）和"杂项"。

（3）在"李红"文件夹内，"文件"→"新建"→"快捷方式"，在"创建快捷方式"对话框中键入对象的位置 C:\Windows\System32\calc.exe（或单击"浏览"按钮选择对象的位置），单击"下一步"按钮；在"键入该快捷方式的名称："下方输入"计算器"，单击"完成"按钮。建好的计算器快捷方式如图 2-4 所示。

图 2-4　计算器快捷方式

2．创建文件。

（1）用"记事本"创建文本文件。

① "开始"→"所有程序"→"附件"→"记事本"，在记事本中输入标题"请假条"及请假内容（内容可自定），如图 2-5 所示。

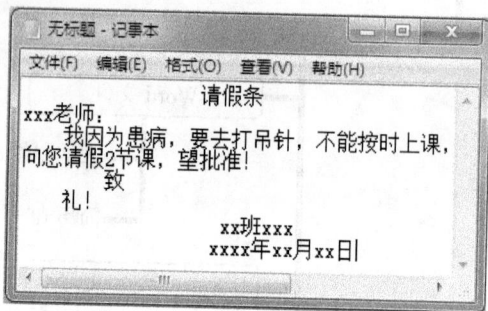

图 2-5　在"记事本"中输入文件的内容

② "文件"→"保存"，将其保存在"文字型文件"文件夹中，文件名为"请假条"，保存类型为"文本文档(*.txt)"，单击"保存"按钮。

（2）用"写字板"创建文件。

① "开始"→"程序"→"附件"→"写字板"，在写字板中输入标题"简历"及简历内容（内容可自定）。

② 把"简历"设置成"黑体、26 磅、倾斜、下划线、居中"，如图 2-6 所示。

图 2-6 在"写字板"中输入文件的内容

③ 单击窗口左上角的"保存"按钮，将其保存在"文字型文件"文件夹中，文件名为"简历"，保存类型为"RTF 文档（RTF）（*.rtf）"，单击"保存"按钮。

（3）用"Word"创建文件。

① "开始"→"所有程序"→"Microsoft Office"→"Microsoft Word 2010"，在 Word 内输入自己对大学的初步印象，内容自定。

② 单击窗口左上角的"保存"按钮，将其保存在"Word 文件"文件夹中，文件名为"大学印象"，保存类型为"Word 文档 (*.docx)"，单击"保存"按钮。

（4）用"画图"创建两个图片文件。

创建"习作.bmp"的步骤如下。

① "开始"→"所有程序"→"附件"→"画图"，在画布中画一幅画（内容可自定），如图 2-7 所示。

② 单击窗口左上角的"保存"按钮，将其保存在 "图片"文件夹中，文件名为"习作"，保存类型为"24 位位图(*.bmp;*.dib)"，单击"保存"按钮。

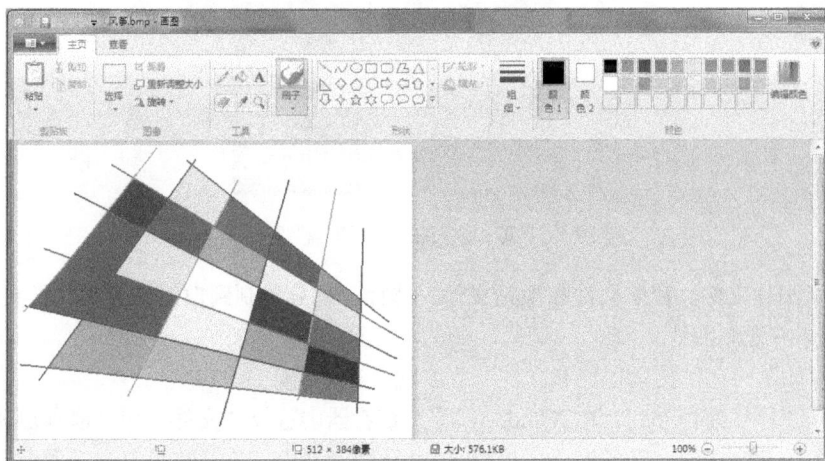

图 2-7 在画布中绘画

创建"桌面.gif"的步骤如下。

① 按【PrintScreen】键（复制整个桌面），"开始"→"所有程序"→"附件"→"画图"→"主页"→"粘贴"，如图 2-8 所示（桌面被粘贴到画布中）。

② 单击窗口左上角的"保存"按钮（或者"文件"→"保存"），将其保存在"图片"文件夹中，文件名为"桌面"，保存类型为"GIF(*.gif)"，单击"保存"按钮。

图 2-8 桌面被粘贴在画布中

（5）用"截图工具"创建截图文件。

① "开始"→"所有程序"→"附件"→"截图工具"→"新建"，按住鼠标拖曳选定要截取的部分画面（内容可自定），截取的画面出现在"截图工具"窗口中，如图 2-9 所示。

② 单击"截图工具"窗口上部的"保存截图"按钮，将其保存在"图片"文件夹中，文件名为"截图"，保存类型为"可移植网络图形文件（PNG）(*.png)"，单击"保存"按钮。

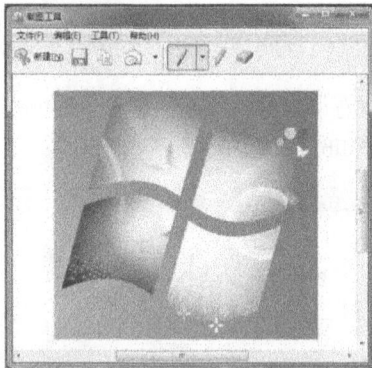

图 2-9 截取的画面在"截图工具"窗口中

3．搜索图片文件、音乐文件和视频文件，选择一部分复制到自己的各类文件夹中。

（1）搜索并复制图片。

① "开始"→在"搜索程序和文件"框中输入：菊花。

② 打开图片"菊花.jpg"，在 Windows 图片查看器中选择"文件"→"制作副本"命令，选择 "图片"文件夹，文件名为"菊花"，保存类型为"JPEG 图像"，单击"保存"按钮。

（2）搜索一批音乐文件并复制其中两个音乐文件。

① "开始"→在"搜索程序和文件"框中输入：*.mp3。

② 右击"音乐"下方的文件"Kalimba.mp3"→"复制"，打开"音乐"文件夹，单击"粘贴"命令。

③ 使用上述①②方法，复制文件 Flourish.mid 到"音乐"文件夹中。

（3）搜索一批视频文件并复制其中一个视频文件。

① "开始"→在"搜索程序和文件"框中输入：*.wmv。

② 右击"视频"下方的文件"野生动物.wmv"→"复制"，打开"视频"文件夹，单击"粘贴"命令。

4．移动、重命名、删除和属性设置操作。

（1）移动操作。

选定"简历.rtf"→"编辑"→"剪切"，打开"Word 文件"文件夹→"编辑"→"粘贴"。

（2）重命名操作。

右击"文字型文件"文件夹，在弹出的快捷菜单中选择"重命名"命令，输入"文本文件"，按【Enter】键。

（3）删除操作。

右击"杂项"文件夹，在弹出的快捷菜单中选择"删除"命令，删除文件夹"杂项"。

（4）设置"隐藏"属性。

右击"计算器快捷方式"→"属性"→"隐藏"→"确定"。

5．用 Windows 媒体播放器播放音乐文件和视频文件。

（1）播放音乐文件。

"开始"→"所有程序"→"Windows Media Player"，在"Windows Media Player"窗口中单击"音乐"，再双击文件"Kalimba"；单击"播放"选项卡，然后将文件"flourish.mid"拖动到播放列表窗格中（路径为：C:\WINDOWS\Media），双击文件"Flourish.mid"。

（2）播放视频文件。

使用（1）中的方法，播放视频文件"野生动物.wmv"（路径为：C:\用户\公用\公用视频\示例视频）。

练习题

第 1 套

1. 将考生文件夹下的 BROWN 文件夹设置为隐藏属性。

2. 将考生文件夹下的 BRUST 文件夹移动到考生文件夹下 TURN 文件夹中，并改名为 FENG。

3. 将考生文件夹下 FTP 文件夹中的文件 BEER.doc 复制到同一文件夹下，并命名为 BEER2.doc。

4. 将考生文件夹下 DSK 文件夹中的文件 BRAND.bpf 删除。

5. 在考生文件夹下 LUY 文件夹中建立一个名为 BRAIN 的文件夹。

第 2 套

1. 将考生文件夹下 MUNLO 文件夹中的文件 KUB. doc 删除。

2. 在考生文件夹下 LOICE 文件夹中建立一个名为 WENHUA 的新文件夹。

3. 将考生文件夹下 JIE 文件夹中的文件 BMP.bas 设置为只读属性。

4. 将考生文件夹下 MICRO 文件夹中的文件 GUIST.wps 移动到考生文件夹下的 MING 文件夹中。

5. 将考生文件夹下 HYR 文件夹中的文件 MOUNT.ppt 在同一文件夹下复制一份，并将新复制的文件改名为 BASE.ppt。

第 3 套

1. 将考生文件夹下 NAOM 文件夹中的 TRAVEL.dbf 文件删除。

2. 将考生文件夹下 HQWE 文件夹中的 LOCK.for 文件复制到同一文件夹中，文件名为 USER.for。

3. 为考生文件夹下 WALL 文件夹中的 PBOB.bas 文件建立名为 KPB 的快捷方式，并存放在考生文件夹下。

4. 将考生文件夹下 WETHEAR 文件夹中的 PIRACY.txt 文件移动到考生文件夹中，并改名为 MICROSO.txt。

5. 在考生文件夹下 JIBEN 文件夹中创建名为 A2TNBQ 的文件夹，并设置为隐藏属性。

第 4 套

1. 在考生文件夹下 INSIDE 文件夹中创建名为 PENG 的文件夹，并设置为隐藏属性。

2. 将考生文件夹下 JIN 文件夹中的 SUN.C 文件复制到考生文件夹下的 MQPA 文件夹中。

3. 将考生文件夹下 HOWA 文件夹中的 GNAEL.dbf 文件删除。

4. 为考生文件夹下 HEIBEI 文件夹中的 QUAN.for 文件建立名为 QUAN 的快捷方式，并存放在考生文件夹下。

5. 将考生文件夹下 QUTAM 文件夹中的 MAN.dbf 文件移动到考生文件夹下的 ABC 文件夹中，并命名为 MAN2.dbf。

第 5 套

1. 将考生文件夹下 QIU\LONG 文件夹中的文件 WATER.fox 设置为只读属性。

2. 将考生文件夹下 PENG 文件夹中的文件 BLUE.wps 移动到考生文件夹下 ZHU 文件夹中，并将该文件改名为 RED.wps。

3. 在考生文件夹下 YE 文件夹中建立一个新文件夹 PDMA。

4. 将考生文件夹下 HAI\XIE 文件夹中的文件 BOMP.ide 复制到考生文件夹下 YING 文件夹中。

5. 将考生文件夹下 TAN\WEN 文件夹中的文件夹 TANG 删除。

第 6 套

1. 在考生文件夹下的 GOOD 文件夹中，新建一个文件夹 FOOT。

2. 将考生文件夹下 JIAO\SHOU 文件夹中的 LONG.doc 文件重命名为 DUA.doc。

3. 搜索考生文件夹下的 DIAN.exe 文件，然后将其删除。

4. 将考生文件夹下 CLOCK\SEC 文件夹中的文件夹 ZHA 复制到考生文件夹下。

5. 为考生文件夹下 TABLE 文件夹建立名为 IT 的快捷方式，并存放在考生文件夹下的 MOON 文件夹中。

第 7 套

1. 在考生文件夹下分别建立 HUA 和 HUB 两个文件夹。

2. 将考生文件夹下 XIAO\GGG 文件夹中的文件 DOCUMENTS.doc 设置成只读属性。

3. 将考生文件夹下 BDF\CAD 文件夹中的文件 AWAY.dbf 移到动考生文件夹下 WAIT 文件夹中。

4. 将考生文件夹下 DEL\TV 文件夹中的文件夹 WAVE 复制到考生文件夹下。

5. 为考生文件夹下 SCREEN 文件夹中的 PENCEL.bat 文件建立名为 BAT 的快捷方式，并存放在考生文件夹下。

第 8 套

1. 在考生文件夹下 HONG 文件夹中，新建一个 WORD 文件夹。

2. 将考生文件夹下 RED\QI 文件夹中的文件 MAN.XLS 移动到考生文件夹下 FAM 文件夹中，并将该文件重命名为 WOMEN.xls。

3. 搜索考生文件夹下的 APPLE 文件夹，然后将其删除。

4. 将考生文件夹下 SEP\DES 文件夹中的文件 ABC.bmp 复制到考生文件夹下 SPEAK 文件夹中。

5. 为考生文件夹下 BLANK 文件夹建立名为 HOUSE 的快捷方式，并存放在考生文件夹下的 CUP 文件夹下。

第 9 套

1. 将考生文件夹下 HUI\MAP 文件夹中的文件夹 MAS 设置成隐藏属性。

2. 在考生文件夹中新建一个 XAN.txt 文件。

3. 将考生文件夹下 HAO1 文件夹中的文件 XUE.C 移动到考生文件夹中，并将该文件重命名为 THREE.c。

4. 将考生文件夹下 JIN 文件夹中的文件 LUN.txt 复制到考生文件夹下 TIAN 文件夹中。

5. 为考生文件夹下 GOOD 文件夹中的 MAN.exe 文件建立名为 RMAN 的快捷方式，并存放在考生文件夹下。

第 10 套

1. 在考生文件夹下分别建立 KANG1 和 KANG2 两个文件夹。

2. 将考生文件夹下 MING.for 文件复制到 KANG1 文件夹中。

3. 将考生文件夹下 HWAST 文件夹中的文件 XIAN.txt 重命名为 YANG.txt。

4. 搜索考生文件夹中的 FUNC.wri 文件，然后将其设置为只读属性。

5. 为考生文件夹下 SDTA 文件夹中的 LOU 文件夹建立名为 KLOU 的快捷方式，并存放在考生文件夹下。

第三章
计算机网络及 Internet 应用

实验一　搜索并下载信息

一、实验目的

本实验介绍如何利用搜索引擎（以百度为例），在网络上查阅并下载有关云南著名旅游景点丽江的各种文字、图片、音乐、视频、网页等信息。

二、实验效果

搜索并下载信息实验效果如图 3-1 所示。

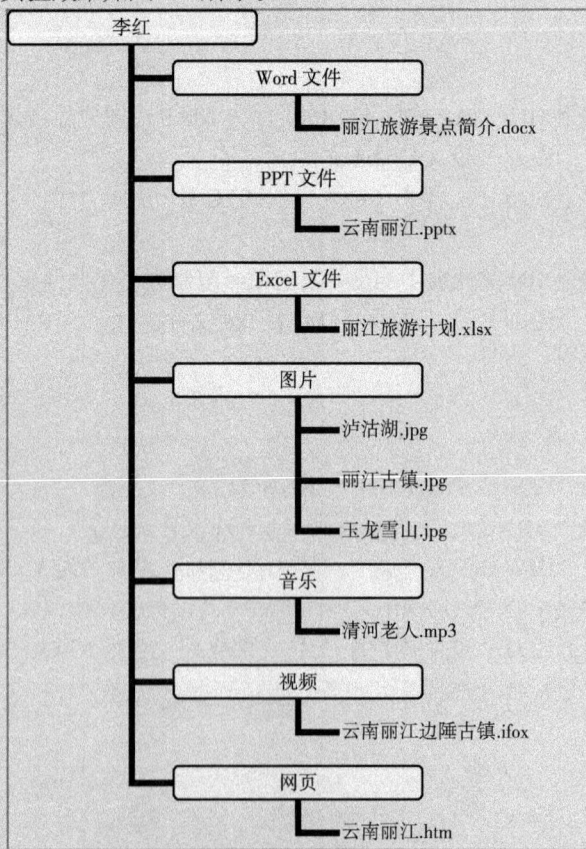

图 3-1　搜索并下载信息实验效果

三、实验内容

在地址栏中输入百度网址"www.baidu.com",按【Enter】键,打开百度主页。

(1)搜索并下载有关云南丽江各景点的文字资料。

① 在百度搜索框中输入关键字"云南丽江旅游景点",按【Enter】键,或单击"百度一下"按钮,打开网页。

② 单击"云南丽江旅游景点(133 个):"中的"泸沽湖"超链接,再单击"泸沽湖"百度百科"超链接,打开泸沽湖景点的详细介绍网页。选定需要保存的部分文字并单击右键,在弹出的快捷菜单中选择"复制"命令。启动 Word 2010 软件,"编辑"→"粘贴"→"文件"→"保存",设置文件的保存位置为"李红\Word 文件",文件名为"丽江旅游景点简介",保存类型为"Word 文档(*.docx)",单击"保存"按钮。

(2)搜索并下载一个介绍云南丽江的 PPT 文件。

① 在百度搜索框中输入"云南丽江",单击上部的"文库"超链接,选择下方的"PPT"选项,再单击"百度一下"按钮,就出现了由各网站提供的有关丽江的"PPT"文件。

② 选择一个文件,单击右下角的"下载"按钮,出现"登录百度账号"对话框,输入"百度账号、密码和验证码",单击"登录",再单击"立即下载"按钮,设置文件的保存位置为"李红\PPT 文件",文件名为"云南丽江"。

(3)搜索并下载一个有关云南丽江旅游计划的 Excel 文件。

① 在百度搜索框中输入"云南丽江",单击上部的"文库"超链接,选择下方的"XLS"选项,再单击"百度一下"按钮,就出现了由各网站提供的有关丽江的"XLS"文件。

② 选择一个文件,单击右下角的"下载"按钮,出现"登录百度账号"对话框,输入"百度账号、密码和验证码",单击"登录",再单击"立即下载"按钮,设置文件的保存位置为"李红\Excel 文件",文件名为"丽江旅游计划"。

(4)搜索并下载云南丽江的 3 张图片资料。

① 在百度搜索框中输入"云南丽江图片",单击上部的"图片"超链接,再单击"百度一下"按钮,就出现了由各个网站提供的丽江图片。若输入"云南丽江古镇",则出现的都是古城图片。若输入"云南丽江玉龙雪山",则出现的都是玉龙雪山图片。若输入"云南丽江泸沽湖",则出现的都是泸沽湖图片。

② 单击泸沽湖图片中的某一张"图片",出现该图片的原图,右击原图,在弹出的快捷菜单中选择"图片另存为"命令,在"保存图片"对话框中设置文件保存在"李红\图片"文件夹中,文件名为"泸沽湖",保存类型为"JPGE(*.jpg)",单击"保存"按钮。

使用同样的方法下载一张"丽江古镇.jpg"图片和一张"玉龙雪山.jpg"图片,保存在"图片"文件夹中。

(5)搜索并下载一首丽江著名的"纳西古乐"歌曲。

① 在百度搜索框中输入"清河老人",单击上部的"音乐"超链接,再单击"百度一下"按钮。

② 单击"清河老人(唱经)"后面的"播放"超链接,就可以播放该乐曲。

③ 单击"清河老人(唱经)"后面的"下载"超链接,就可以下载该乐曲,设置该文件保存位置为"李红\音乐",文件名为"清河老人.mp3",单击"下载"按钮。

(6)搜索并下载一个丽江景点的视频文件。

① 在百度搜索框中输入"云南丽江边陲古镇",单击"视频"超链接,再单击"百度一下"

按钮，即可搜索出由各个视频网站提供的有关丽江的各种视频文件。

②单击搜狐视频网站提供的"云南丽江边陲古镇"超链接，即可播放该视频文件。单击视频画面右上角浮动工具栏中的"下载"按钮，如图 3-2 所示。根据提示，下载"搜狐影音安装程序"，然后双击"搜狐影音安装程序"，将其安装在电脑中。启动"搜狐影音"，将"云南丽江边陲古镇"下载到默认文件夹"C:\SHDownload"中，再将其移动到"李红\视频"文件夹中。

图 3-2   播放搜狐视频"云南丽江边陲古镇"

（7）搜索并下载丽江网页。

① 在百度搜索框中输入"云南丽江"，单击"网页"超链接，再单击"百度一下"按钮，即可出现多个有关云南丽江网页的超链接。

② 单击其中一个超链接（如"云南丽江_百度百科"），"文件"→"保存网页"，设置该文件保存位置为"李红\网页"，文件名为"云南丽江"，保存类型为"网页，全部（*.htm, *.html）"。

实验二   综合应用电子邮件

一、实验目的

利用电子邮件信箱熟练收发邮件，灵活使用网络硬盘，巧妙截取网页图片。

二、实验效果

综合应用电子邮件实验效果如图 3-3 所示。

自己的姓名.rar

　　├── 2008 奥运会羽毛球女单冠军.jpg

　　├── 天气情况.jpg

　　├── 公交路线图.jpg

　　├── 王老吉.docx

　　├── 中国离婚率.xls

　　├── 上传 PPT 文件截图.jpg

　　├── 收藏夹截图.jpg

　　└── 发送圣诞贺卡截图.bmp

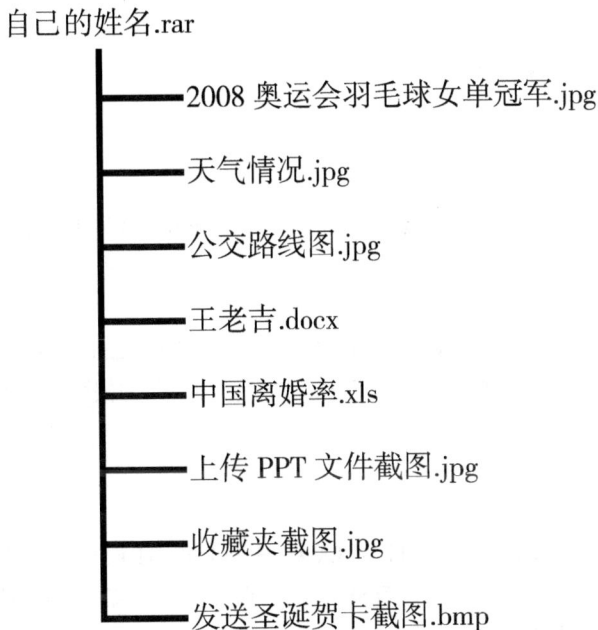

图 3-3　综合应用电子邮件实验效果

三、实验内容（步骤略）

1．网络及网络硬盘的应用。

（1）在 2008 年北京奥运会中，谁夺得羽毛球女单冠军？将搜索结果截图并保存。

（2）本周末全班去白龙潭公园爬龙马山，天气情况如何？从学校乘公交车如何到达？将搜索结果截图并保存（2 张）。

（3）王老吉的创始人是谁？你能找到他的图片吗？王老吉和加多宝有什么关系？将搜索结果保存在 Word 2010 文档中。

（4）下载近年来有关中国离婚率的电子表格文件（扩展名为 .xls）。

（5）找到并下载一个介绍甲壳虫汽车发展史的幻灯片，将下载的幻灯片上传到自己的网络硬盘中，把上传后的结果截图并保存。

（6）把当当网和淘宝网添加到收藏夹，并用"网购"文件夹管理；最后打开收藏夹截图并保存。当当网网址：http://www.dangdang.com。淘宝网网址：http://www.taobao.com。

2．发送电子邮件。

（1）搜集一些圣诞贺卡，把其中自己最喜欢的 2 张贺卡和自己的一张照片通过电子邮件发送给朋友们（3 位以上）分享，祝朋友们圣诞快乐！（邮件发送后，打开已发送的邮件界面截图并保存。）

（2）以上作业（包含一个 Word 文件、一个 Excel 文件、6 张截图）完成后，打包发送到计算机任课教师的邮箱，打包后的文件名为"自己的姓名.rar"，具体要求如下。

【收件人】　×××××× @ yxnu.net

【主题】　×班　姓名　课后作业

【内容】　×老师，您好！我的作业已经完成，请批阅。具体见附件。

练习题

第 1 套

接收并阅读由 xuexq@mail.neea.edu.cn 发来的 E-mail，并按 E-mail 中的指令完成操作。

第 2 套

某模拟网站的主页地址是：HTTP://LOCALHOST:65531/ExamWeb/index.htm，打开此主页，浏览"航空知识"页面，查找"运十运输机"的页面内容，并将它以文本文件的格式保存到考生目录下，命名为"y10ysj.txt"。

第 3 套

某模拟网站的主页地址是：HTTP://LOCALHOST:65531/ExamWeb index.htm，打开此主页，浏览"航空知识"页面，查找"水轰5(SH-5)"的页面内容，并将它以文本文件的格式保存到考生目录下，命名为"sh5hzj.txt"。

第 4 套

某模拟网站的主页地址是：HTTP://LOCALHOST:65531/ExamWeb/ index.htm，打开此主页，浏览"天文小知识"页面，查找"火星"的页面内容，并将它以文本文件的格式保存到考生目录下，命名为"huoxing.txt"。

第 5 套

某模拟网站的主页地址是：HTTP://LOCALHOST:65531/ExamWeb/ index.htm，打开此主页，浏览"天文小知识"页面，查找"木星"的页面内容，并将它以文本文件的格式保存到考生目录下，命名为"muxing.txt"。

第 6 套

某模拟网站的主页地址是：HTTP://LOCALHOST:65531/ExamWeb/ index.htm，打开此主页，浏览"天文小知识"页面，查找"冥王星"的页面内容，并将它以文本文件的格式保存到考生目录下，命名为"mwxing.txt"。

第 7 套

向课题组成员小赵和小李分别发 E-mail，主题为"紧急通知"，具体内容为"本周二下午一时，在学院会议室进行课题讨论，请勿迟到缺席！"。发送地址分别是：zhaoguoli@cuc.edu.cn 和 lijianguo@cuc.edu.cn。

第 8 套

给英语老师发一封电子邮件，并将考生文件夹下的文本文件"homework.txt"作为附件一起发送。具体要求如下。

【收件人】 wanglijuan@cuc.edu.cn
【抄送】
【主题】 课后作业
【内容】 王老师，您好！我的作业已经完成，请批阅。具体见附件。

第 9 套

1. 用 IE 浏览器打开如下地址：HTTP://LOCALHOST:65531/ExamWeb/Index.htm，浏览有关"OSPF 路由协议"的网页，将该页面中"第四部分 OSPF 路由协议的基本特征"的内容以文本文件的格式保存到考生目录下，文件名为"TestIe.txt"。

2. 用 Outlook 编辑电子邮件。

收信地址：mail4test@163.com

主题：OSPF 路由协议的基本特征

将 TestIe.txt 作为附件粘贴到信件中。

信件正文如下。

您好！

信件附件是有关 OSPF 路由协议的基本特征的资料，请查阅，收到请回信。

此致

敬礼！

第 10 套

1. 表弟小鹏考上大学，发邮件向他表示祝贺。

E-mail 地址是：zhangpeng_1989@163.com

主题为：祝贺你高考成功！

内容为：小鹏，祝贺你考上自己喜欢的大学，祝你大学生活顺利，学习进步，身体健康！

2. 打开 HTTP://LOCALHOST:65531/ExamWeb/index.htm 页面，浏览网页，并将该网页以.htm 格式保存在"考生"文件夹下。

第 11 套

1. 计算机网络最突出的优点是_____。

A. 提高可靠性   B. 提高计算机的存储容量

C. 运算速度快   D. 实现资源共享和快速通信

2. 计算机网络的目标是实现_____。

A. 数据处理   B. 文献检索

C. 资源共享和信息传输   D. 信息传输

3. 计算机网络分为局域网、城域网和广域网，下列属于局域网的是_____。

A. ChinaDDN   B. Novell

C. Chinanet   D. Internet

4. 下列各指标中，属于数据通信系统的主要技术指标之一的是_____。

A. 误码率   B. 重码率

C. 分辨率   D. 频率

5. 为了用 ISDN 技术实现电话拨号方式接入 Internet，除了要具备一条直拨外线电话和一台性能合适的计算机外，另一个关键硬设备是_____。

  A. 网卡   B. 集线器

  C. 服务器   D. 内置或外置调制解调器(Modem)

6. Modem 是计算机通过电话线接入 Internet 时所必需的硬件，它的功能是_____。

  A. 只将数字信号转换为模拟信号

  B. 只将模拟信号转换为数字信号

  C. 为了在上网的同时能打电话

  D. 将模拟信号和数字信号互相转换

7. 拥有计算机并以拨号方式接入 Internet 的用户需要使用_____。

  A. CD-ROM   B. 鼠标

  C. 软盘   D. Modem

8. 若要将计算机与局域网连接，则至少需要具有的硬件是_____。

  A. 集线器   B. 网关

  C. 网卡   D. 路由器

9. 一台微型计算机要与局域网连接，必须具有的硬件是_____。

  A. 集线器   B. 网关

  C. 网卡   D. 路由器

10. 以下说法中，正确的是_____。

  A. 域名服务器（DNS）中存放 Internet 主机的 IP 地址

  B. 域名服务器（DNS）中存放 Internet 主机的域名

  C. 域名服务器（DNS）中存放 Internet 主机域名与 IP 地址的对照表

  D. 域名服务器(DNS)中存放 Internet 主机的电子邮箱的地址

11. Internet 实现了分布在世界各地的各类网络的互联，其基础和核心的协议是_____。

  A. HTTP   B. TCP/IP

  C. HTML   D. FTP

12. TCP 的主要功能是_____。

  A. 对数据进行分组

  B. 确保数据的可靠传输

  C. 确定数据传输路径

  D. 提高数据传输速度

13. 根据域名代码规定，表示教育机构网站的域名代码是_____。

  A. net   B. com

  C. edu   D. org

14. 根据域名代码规定，表示政府部门网站的域名代码是_____。

  A. net   B. com

  C. gov   D. org

15. 域名 MH.BIT.EDU.CN 中主机名是_____。

  A. MH   B. EDU

  C. CN   D. BIT

16. Internet 中不同网络和不同计算机相互通信的基础是_____。

  A. ATM   B. TCP/IP

C. Novell
D. X.25

17. 正确的 IP 地址是_____。

A. 202.112.111.1
B. 202.2.2.2.2

C. 202.202.1
D. 202.257.14.13

18. 下列各项中，非法的 Internet 的 IP 地址是_____。

A. 202.96.12.14
B. 202.196.72.140

C. 112.256.23.8
D. 201.124.38.79

19. 有一域名为 bit.edu.cn，根据域名代码的规定，此域名表示_____。

A. 政府机关
B. 商业组织

C. 军事部门
D. 教育机构

20. 计算机网络最突出的优势是_____。

A. 信息流通
B. 数据传送

C. 资源共享
D. 降低费用

21. E-mail 是指_____。

A. 利用计算机网络及时地向特定对象传送文字、声音、图像或图形的一种通信方式是_____。

B. 电报、电话、电传等通信方式

C. 无线和有线的总称

D. 报文的传送

22. 在 IE 地址栏输入的 "http://www.cqu.edu.cn/" 中，http 代表的是_____。

A. 协议
B. 主机

C. 地址
D. 资源

23. 对同一幅照片采用以下格式存储时，占用存储空间最大的格式是_____。

A. .jpg
B. .tif

C. .bmp
D. .gif

24. 扩展名为.mov 的文件通常是一个_____。

A. 音频文件
B. 视频文件

C. 图片文件
D. 文本文件

25. 关于电子邮件，下列说法不正确的是_____。

A. 发送电子邮件需要 E-mail 软件的支持

B. 发件人必须有自己的 E-mail 账号

C. 收件人必须有 QQ 号

D. 必须知道收件人的 E-mail 地址

26. 计算机网络的最大优点是_____。

A. 共享资源
B. 增大容量

C. 加快计算
D. 节省人力

27. 在计算机网络中，_____为局域网。

A. WAN
B. Internet

C. MAN
D. LAN

28. 用户在 WWW 浏览器上看到的文件叫作_____文件。

A. DOS
B. Windows

C. 超文本   D. 二进制

29. 衡量网络上数据传输速率的单位是每秒传送多少个二进制位，记为_____。

A. bit.s   B. OSI

C. modem   D. TCP/IP

30. 支持 Internet 扩展服务协议是_____。

A. OSI   B. IPX/SPX

C. TCP/IP   D. CSMA/CD

31. 统一资源定位符（URL）的基本格式由三部分组成，如 http://www.microsoft.com，其中第一部分 http 表示_____。

A. 传输协议与资源类型   B. 主机的 IP 地址或域名

C. 资源在主机上的存放路径   D. 用户

32. Internet 所提供的主要应用功能有电子邮件、WWW 浏览、远程登录及_____。

A. 文件传输   B. 协议转换

C. 磁盘检索   D. 电子图书馆

PART 4

第四章
文字处理软件 Word 2010

实验一　制作"急救用药"黑板报

一、实验目的

利用 Word 2010 的图文混排编辑功能，制作出普及"急救用药"知识的黑板报。

二、实验效果

"急救用药"黑板报的实验效果如图 4-1 所示。

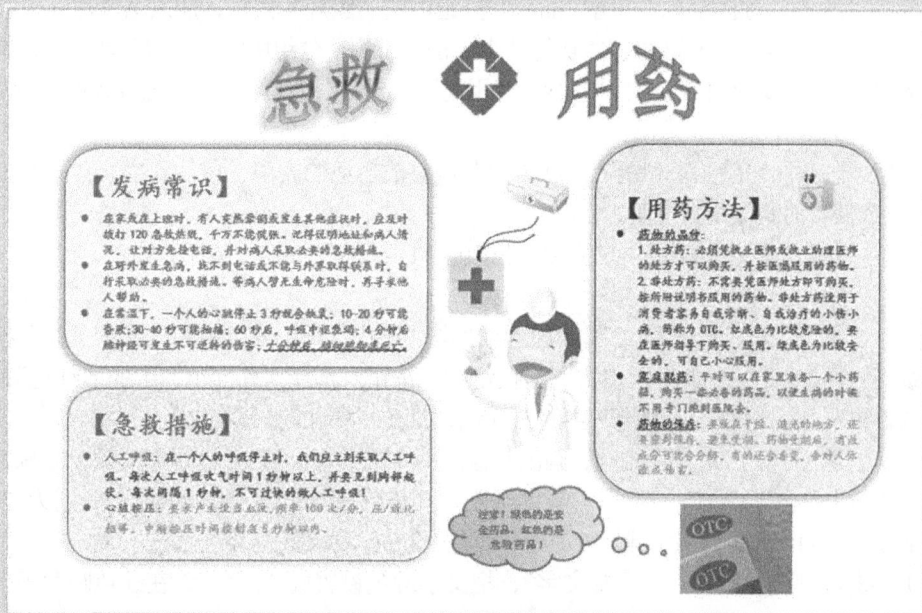

图 4-1　"急救用药"黑板报实验效果

三、实验内容

1．页面设置。

在"页面布局"功能区中，单击"页面设置"分组中的"页边距"按钮，把"页边距"的"上、下、左、右"都设置成"2厘米"；再单击"纸张方向"按钮，把"纸张方向"设置成"横向"；再单击"纸张大小"按钮，把"纸张大小"设置成"自定义大小"，宽度33厘米，高度21厘米。

2．艺术字及其设置。

（1）在"插入"功能区中，单击"文本"分组中的"艺术字"按钮，并在打开的艺术字预设样式面板中选择"渐变填充-蓝色，强调文字颜色1"，输入文字"急救"。

（2）选定文字"急救"，在"绘图工具-格式"功能区中单击"艺术字样式"分组中的"文字效果"按钮，选择"发光"中的"橙色，18pt发光，强调文字颜色6"，再选择"三维旋转"中的"离轴1右"；在"开始"功能区中把字号设置成72。

（3）在"插入"功能区中，单击"文本"分组中的"艺术字"按钮，并在打开的艺术字预设样式面板中选择"填充-无，轮廓-强调文字颜色2"，输入文字"用药"。

（4）选定文字"用药"，在"绘图工具-格式"功能区中单击"艺术字样式"分组中的"文本填充"按钮，选择"标准色"中的"绿色"；再单击"文本轮廓"按钮，选择"标准色"中的"深红"；再单击"文字效果"按钮，选择"转换"中的"正三角"；在"开始"功能区中把字号设置成72。

（5）在"插入"功能区中，单击"插图"分组中的"图片"按钮，插入图片"红十字"。

（6）在"绘图工具"→"格式"功能区中单击"排列"分组中的"位置"按钮，选择"其他布局选项"中的"文字环绕"，把"急救"、"用药"和图片"红十字"的环绕方式都设置成"四周型"。

（7）把"急救"、"用药"和图片"红十字"调整成合适的大小，移动到顶端合适的位置。

3．3个板块的制作及其设置。

（1）在"插入"功能区中单击"插图"分组中的"形状"按钮，选择"圆角矩形"，按住鼠标拖动画出一个"圆角矩形"。

（2）在"绘图工具"→"格式"功能区中单击"形状样式"分组中的"形状填充"按钮，选择"纹理"中的"羊皮纸"；再单击"形状轮廓"按钮，选择"标准色"中的"红色"；再单击"形状效果"按钮，选择"发光"中的"红色，11pt，强调文字颜色2"。

（3）与上述（1）、（2）步骤相同，画出其他两个"圆角矩形"，并设置边框颜色分别为"绿色"和"蓝色"，"形状填充"分别为"新闻纸"和"蓝色面巾纸"，"形状效果"分别为"发光"中的"橄榄色，11pt，强调文字颜色3"和"蓝色，11pt，强调文字颜色1"。

（4）右击红色圆角矩形→"添加文字"，把文字颜色设置成"红色"，在红色圆角矩形内输入以下文字。

【发病常识】

在家或在上班时，有人突然晕倒或发生其他症状时，应及时拨打120急救热线，千万不能慌张。记得说明地址和病人情况，让对方先挂电话，并对病人采取必要的急救措施。

在野外发生急病，找不到电话或不能与外界取得联系时，自行采取必要的急救措施。等病人暂无生命危险时，再寻求他人帮助。

在常温下，一个人的心跳停止 3 秒就会缺氧；10～20 秒可能昏厥；30～40 秒可能抽搐；60 秒后，呼吸中枢衰竭；4 分钟后脑神经可发生不可逆转的伤害；10 分钟后，脑细胞彻底死亡。

（5）在绿色圆角矩形框内把文字颜色设置成"绿色"，输入以下文字。

【急救措施】

人工呼吸：当一个人的呼吸停止时，我们应立刻采取人工呼吸。每次人工呼吸吹气时间 1 秒钟以上，并要见到胸部起伏。每次间隔 1 秒钟，不可过快地做人工呼吸！

心脏按压：要求产生适当血流，频率 100 次/分，压/放比相等，中断按压时间控制在 5 秒钟以内。

（6）在蓝色圆角矩形框内把文字颜色设置成"蓝色"，输入以下文字。

【用药方法】

药物的品种

1. 处方药：必须凭执业医师或执业助理医师的处方才可以购买，并按医嘱服用的药物。

2. 非处方药：不需要凭医师处方即可购买，按所附说明书服用的药物。非处方药，简称为 OTC，适用于消费者容易自我诊断、自我治疗的小伤小病。红底色包装的药为比较危险的，要在医师指导下购买、服用。绿底色包装的药为比较安全的，可自己小心服用。

家庭配药：平时可以在家里准备一个小药箱，购买一些必备的药品，以便生病的时候不用专门跑到医院去。

药物的保存：要放在干燥、避光的地方，还要密封保存，避免受潮。药物受潮后，有效成分可能会分解，有的还会霉变，会对人体造成伤害。

（7）把 3 个圆角矩形框内的标题文字"【发病常识】"、"【急救措施】"、"【用药方法】"设置成"楷体，一号，加粗"；其他文字设置成"楷体，小四号，加粗"，并加上"项目符号"。

（8）把【发病常识】框内的标题"【发病常识】"、第 1 段和第 2 段的文字颜色设置成"红色"，第 3 段前部分的文字颜色设置成"绿色"，第 3 段后部分的文字"10 分钟后，脑细胞彻底死亡。"设置成"加粗，倾斜，红色，蓝色双波浪下划线"。

（9）把【急救措施】框内的标题"【急救措施】"设置成"绿色"，"人工呼吸"和"心脏按压"设置成"绿色，着重号"，第 1 段的其他文字设置成"深红"，第 2 段的其他文字设置成"橙色"。

（10）把【用药方法】框内的标题"【用药方法】"设置成"蓝色"，"药物的品种"、"家庭配药"和"药物的保存"设置成"蓝色，红色单波浪下划线（粗）"，第 1 段的其他文字设置成"深红"，第 2 段的其他文字设置成"绿色"，第 3 段的其他文字设置成"橙色"。

（11）把【发病常识】框移动到左上方，把【急救措施】框移动到左下角，把【用药方法】框移动到右上方，把各个框的大小调整适中。

4．4 张图片的插入及其设置。

（1）在"插入"功能区中，单击"插图"分组中的"图片"按钮，分别将预先准备好的 4 张图片"医生"、"药品标识"、"药箱 1"和"药箱 2"依次插入，4 张图片的文字环绕都设置成"四周型"，并调整好大小。

（2）调整图片位置：

① 把图片"医生"移动到中部；

② 把图片"药品标识"移动到右下方；

③ 把图片"药箱 1"移动到"医生"的右上方。

④ 把图片"药箱 2"移动到【用药方法】框内的右上方。

5. 标注的制作及其设置。

（1）在"插入"功能区中单击"插图"分组中的"形状"按钮，选择"标注"→"云形标注"，按住鼠标左键拖动画出一个"云形标注"。

（2）右击"云形标注"→"编辑文字"，输入文字"注意！绿色的是安全药品，红色的是危险药品！"，并将文字设置成"红色，加粗"。

（3）在"绘图工具"→"格式"功能区中单击"形状样式"分组中的"形状填充"按钮，选择"渐变"→"线性向右"。

（4）把"云形标注"移动到中间的下部位置，拖动标注的箭头指向图片"药品标识"。

实验二　制作运动会表格

一、实验目的

利用 Word 2010 的制作表格和编辑表格的功能，制作出"运动会报名表"、"运动会赛程表"和"运动会名次表"。

二、实验效果

1．"运动会报名表"实验效果（见表 4-1）。

表 4-1　　　　　　　　　　　　"运动会报名表"实验效果

××学院 2009 年 第 3 届职工田径运动会"报名表"							
项目　　　姓名	径赛项目			田赛项目			备注
	100 米	400 米	800 米	铅球	跳远	跳高	

2.“运动会赛程表”实验效果（见表 4-2 和表 4-3）

表 4-2   “运动会赛程表”实验效果（1）

11月1日上午：

类别	序号	组别	项目	时间
径赛	1	**男子青年组**	100 米预决赛	8:00
	2	**男子中年组**	100 米预决赛	8:30
	3	**女子青年组**	100 米预决赛	9:00
	4	**女子中年组**	100 米预决赛	9:30
	5	**男子青年组**	800 米预决赛	10:00
	6	**男子中年组**	800 米预决赛	10:30
	7	**女子青年组**	800 米预决赛	11:00
	8	**女子中年组**	800 米预决赛	11:30
田赛	1	**男子青年组**	铅球预决赛	8:00
	2	**男子中年组**	铅球预决赛	8:30
	3	**女子青年组**	铅球预决赛	9:00
	4	**女子中年组**	铅球预决赛	9:30
	5	**男子青年组**	跳远预决赛	10:00
	6	**男子中年组**	跳远预决赛	10:30
	7	**女子青年组**	跳远预决赛	11:00
	8	**女子中年组**	跳远预决赛	11:30

表 4-3   “运动会赛程表”实验效果（2）

11月1日下午：

类别	序号	组别	项目	时间
径赛	1	男子青年组	400 米预决赛	14:00
	2	男子中年组	400 米预决赛	14:30
	3	女子青年组	400 米预决赛	15:00
	4	女子中年组	400 米预决赛	15:30
田赛	1	男子青年组	跳高预决赛	16:00
	2	男子中年组	跳高预决赛	16:30
	3	女子青年组	跳高预决赛	17:00
	4	女子中年组	跳高预决赛	17:30

3. "运动会名次表"实验效果（见表4-4）。

表4-4 "运动会名次表"实验效果

积分 项目 单位	100米	400米	800米	铅球	跳远	跳高	总积分	名次
商学院	1	6	4	1	3	0		
资环学院	4	5	3	3	1	4		
教育学院	5	2	6	2	2	1		
信息学院	2	4	1	5	2	3		
理学院	2	2	1	0	3	2		
文学院	3	1	1	5	4	2		
各项目平均积分								

三、实验内容

1. 制作"运动会报名表"。

（1）绘制表格。

① 在"插入"功能区中单击"表格"按钮，在"插入表格"区域中移动鼠标，出现"9×8表格"时单击鼠标左键。

② 选定表格的第1行→在"表格工具"→"布局"功能区中单击"合并"分组里的"合并单元格"按钮；同上述方法将第2行和第3行的第1个单元格合并，将第2行的第2、3、4单元格合并，将第2行的第5、6、7单元格合并，将第2行和第3行的第8单元格合并。

③ 在"表格工具"→"设计"功能区中单击"绘图边框"分组里的"绘制表格"按钮，在第2行的第1个单元格里画出斜线，在"笔样式"框中选择线型为"双线"，"笔画粗细"为0.5磅，画出四条外边框线和第3行的下边框线。

（2）输入表格中的全部文字。把插入点定位在相应的单元格内，在其中输入相应的文字（在斜线单元格内先输入"项目"，然后按【Enter】键，再输入"姓名"）。

（3）表格中文字格式的设置和行高、列宽的设置。

① 选定文字"项目"→在"开始"功能区中单击"段落"分组中的"文字右对齐"按钮。

② 选定其他文字→在"表格工具"→"布局"功能区中单击"对齐方式"分组里的"水平居中"按钮。

③ 在"开始"功能区中的"字体"分组中，把文字"××学院2009届职工田径运动会报名表"设置成"宋体，三号，加粗，下划线"；把其他文字都设置成"宋体，五号，加粗"。

④ 在"表格工具"→"布局"功能区中"单元格大小"分组里的"高度"框中，把全部行高都设置成"0.74厘米"；在"宽度"框中，把第1列的列宽设置成"2厘米"，其他列的列宽设置成"1.85厘米"。

2．制作"运动会赛程表"。

制作表格型赛程表（11 月 1 日上午）的步骤如下。

（1）绘制表格。

① 在"插入"功能区中单击"表格"按钮，再选择"插入表格"，设置表格列数为"5"，行数为"18"。

② 选定表格第 1 行全部单元格，在"表格工具"→"布局"功能区中单击"合并"分组里的"合并单元格"按钮。用上述方法将第 1 列中的第 3～10 个单元格合并，将第 1 列中的第 11～18 个单元格合并。

（2）输入表格中的全部文字。

把插入点定位在相应的单元格内，在其中输入相应的文字。

（3）表格中的文字设置和格式设置。

① 把文字"11 月 1 日上午:"和"组别"以下的所有单元格设置成"加粗"。

② 把"径赛"和"田赛"设置成"水平居中"。

③ 把其他文字都设置成"居中"。

④ 在"表格工具"→"设计"功能区中单击"表格样式"分组里的"网页型 3"按钮。

制作文字型赛程表（11 月 1 日下午）的步骤如下。

（1）输入文字。

输入文字"11 月 1 日下午:"，然后按【Enter】键。

（2）设置制表位。

在垂直标尺的最上方选择"左对齐式制表符"，单击水平标尺中的"6"；再选择"居中式制表符"，分别单击水平标尺中的"12"、"20"、"30"。

（3）输入其他文字。

输入"类别"→按【Tab】键→输入"序号"→按【Tab】键→输入"组别"→按【Tab】键→输入"项目"→按【Tab】键→输入"时间"→按【Enter】键，其他各行均按该步骤逐行输入。

（4）把"文字型赛程表"转换成表格。

选定全部文字→"插入"→"表格"→"文本转换成表格"。

3．制作"运动会名次表"。

（1）绘制表格。

① 在"插入"功能区中单击"表格"按钮，再选择"插入表格"，设置表格列数为"8"，行数为"9"。

② 在"表格工具-布局"功能区中"单元格大小"分组中，选择"高度"按钮，把第 1 行的行高设置成 2 厘米；"插入"→"形状"→"直线"，如图 4-2 所示。直接到表头上画 2 条斜线，如图 4-3 所示。选择刚画的斜线，单击上方的"格式"→"形状轮廓"，选择需要的颜色。依次输入斜线表头中相应的文字，通过空格键与回车键移动到合适的位置。

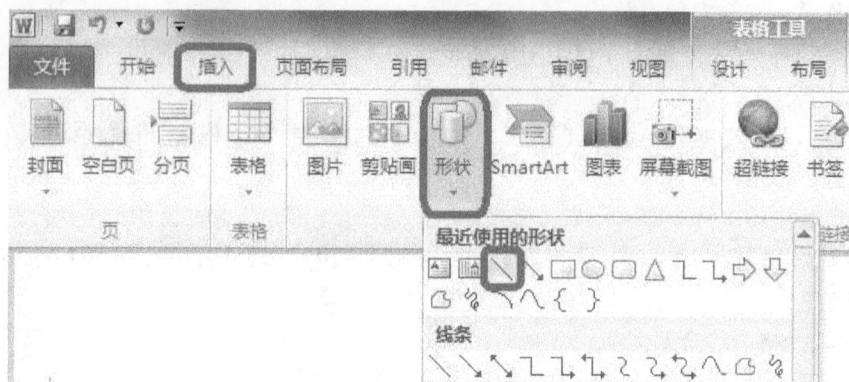

图 4-2　选择直线

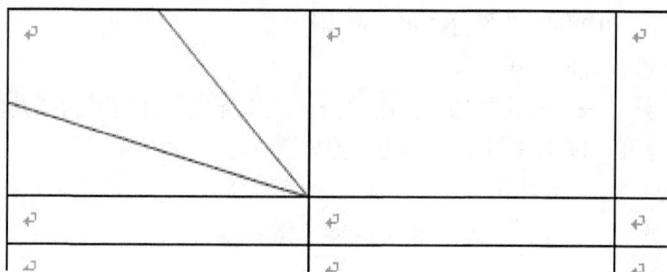

图 4-3　画两条斜线

③ 在"表格工具"→"布局"功能区中"单元格大小"分组中，选择"宽度"按钮，把第 1 列的行宽设置成"3.2 厘米"，把斜线表头中 2 条斜线调整成与行高和列宽相同；把第 8 列的列宽设置成"1.7 厘米"，第 9 列的列宽设置成"1.3 厘米"。把第 2、3、4、5、6、7 列的列宽设置成"分布列"。

（2）输入表格中的全部文字。

把插入点定位在相应的单元格内，在其中输入相应的文字。

（3）表格中的文字设置和表格格式设置。

① 把表格中的文字（斜线表头内的文字除外）都设置成"宋体，五号，加粗，水平居中"。

② 选定整个表格，在"表格工具"→"设计"功能区中单击"绘图边框"分组里的"笔划粗细"，选择"3 磅"；再单击"笔颜色"，选择"红色"。在"表格工具"→"设计"功能区中单击"表格样式"分组里的"边框"，选择"外侧框线"。

③ 与②的步骤相同，将内侧框线设置成"双线、颜色为蓝色"，将第 1 列的右框线设置成"点划线、3 磅、红色"。

④ 选定表格第 1 列，在"表格工具"→"设计"功能区中单击"表格样式"分组里的"底纹"，选择"橄榄色，强调文字颜色 3，淡色 60%"。选定表格第 1 行（第 1 列除外），单击"底纹"中的"其他颜色"，在"自定义"选项卡中将"红色"和"绿色"都设置成"220"。

（4）表格计算。

① 把插入点定位于要放置总积分的单元格内，在"表格工具"→"布局"功能区中单击"数据"分组中的"公式"按钮，用默认函数"SUM(LEFT)"求出总积分。

② 把插入点定位于要放置"100 米"的平均积分的单元格内，即 B8 单元格，在"表格工

具"→"布局"功能区中单击"数据"分组中的"公式"按钮，删除默认函数 SUM(ABOVE)（留下等号），在"粘贴函数"下拉列表中选择函数"AVERAGE"，在求平均值函数"AVERAGE（ ）"的括号内输入"ABOVE"或"B2:B7"，然后单击"确定"按钮。

③ 按照步骤①和②的操作依次计算出其他项目的平均积分。

（5）排序与名次。

① 选定"总积分"列，在"表格工具"→"布局"功能区中单击"数据"分组中的"排序"按钮，在"主要关键字"的右边选择"降序"选项。

② 把插入点定位于"名次"列内的第 2 个单元格（即 I2）中，在其中输入"1"。然后依次在"名次"列内从上往下输入"2、3、4、5、6"。制作完成后的"运动会名次表"如表 4-5 所示。

表 4-5 运动会名次表

积分单位 \ 项目	100 米	400 米	800 米	铅球	跳远	跳高	总积分	名次
资环学院	4	5	3	3	1	4	20	1
教育学院	5	2	6	2	2	1	18	2
信息学院	2	4	1	5	2	3	17	3
文学院	3	1	1	5	4	2	16	4
商学院	1	6	4	1	3	0	15	5
理学院	2	2	1	0	3	2	10	6
各项目平均积分	2.83	3.33	2.67	2.67	2.5	2		

实验三 制作手机促销广告

一、实验目的

利用 Word 2010 的图文表混合排版功能，制作出最新上市的手机促销广告（以 MOTO XT701 型手机为具体实例，2 面双折）。

二、实验效果

第 1 页（外面）广告实验效果如图 4-4 所示。

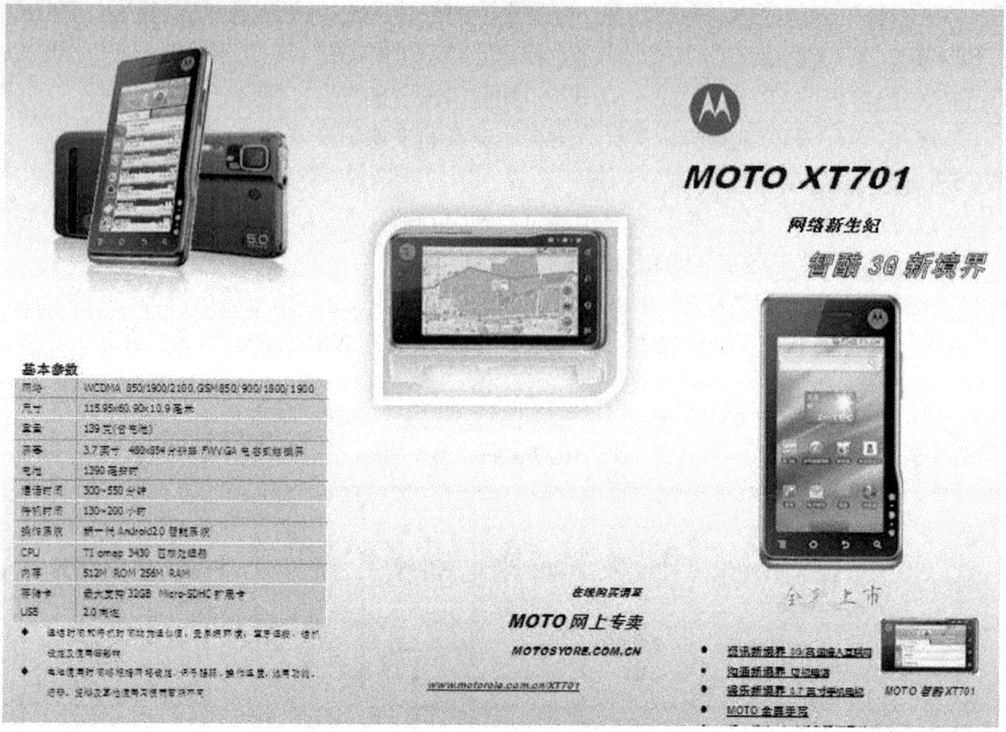

图 4-4　手机促销广告实验效果（1）

第 2 页（内面）广告实验效果如图 4-5 所示。

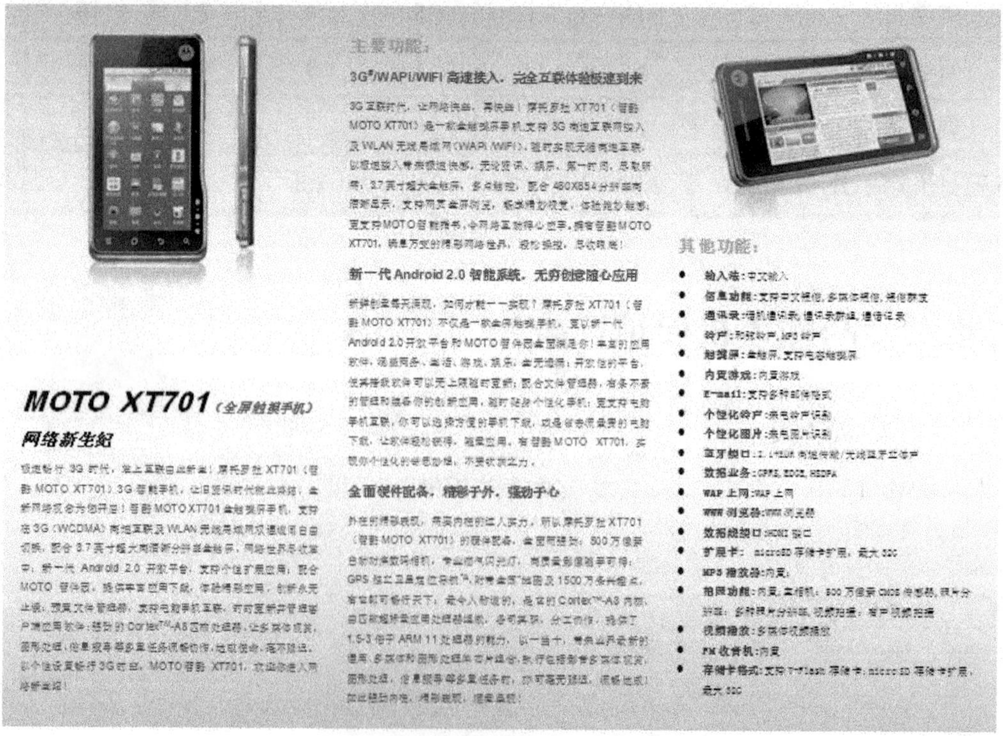

图 4-5　手机促销广告实验效果（2）

三、实验内容

1．资料准备。

（1）搜集摩托罗拉 XT701 型手机的文字资料，包括：整体介绍，主要功能，其他功能，基本参数，说明事项和摩托罗拉公司网址等。

（2）搜集摩托罗拉 XT701 型手机的图片资料，包括：摩托罗拉公司商标，MOTO XT701 型手机的竖正面、竖侧面、横正面、横背面等多幅图片。

2．页面设置。

在"页面布局"功能区中单击"页面设置"分组中的"页边距"按钮，把"页边距"的"上、下、左、右"都设置成"1 厘米"；再单击"纸张方向"按钮，把"纸张方向"设置成"横向"；再单击"分栏"，把"分栏"设置成"三栏"。

3．制作第 1 页（外面）广告。

（1）插入制作第 1 页广告所需的 5 张图片和摩托罗拉公司商标。

"插入" → "图片" → "计算机"，选择所需图片并将其插入页面。

（2）制作第 1 栏。

① 把 1 幅"横背面"图片和 1 幅"竖正面"图片设置成"文字环绕四周型"。单击图片→ "图片工具" → "格式" → "位置"，将图片设置成"文字环绕四周型"。

② 把"竖正面"图片移动到"横背面"图片的上面，同时选定这两幅图片，在"图片工具" → "格式"中单击"组合"，将组合好的图片放置在第 1 栏的上部。

③ 在第 1 栏的中部输入文字"基本参数"，在菜单"开始"中选择"宋体，加粗，五号"。在"基本参数"下方画出"12×2"的表格，输入表格中的全部文字，在菜单"开始"中设置成"中文字体：宋体，西文字体：Tahoma，字号：小五"。选定"表格" → "表格工具" → "设计"，在"表格样式"中选择"立体型 2"。制作完成的表格如表 4-6 所示。

表 4-6　　　　　　　　　　　　　　　　基本参数

网络	WCDMA 850/1900/2100,GSM850/900/1800/1900
尺寸	115.95 毫米×60.90 毫米×10.9 毫米
重量	139 克(含电池)
屏幕	3.7 英寸 480×854 分辨率 FWVGA 电容式触摸屏
电池	1390 毫安时
通话时间	300~550 分钟
待机时间	130~200 小时
操作系统	新一代 Android2.0 智能系统
CPU	TI omap 3430 四核处理器
内存	512M ROM 256M RAM
存储卡	最大支持 32GB Micro-SDHC 扩展卡
USB	2.0 高速

④ 在"表格"下方输入"说明事项"的两段文字。

通话时间和待机时间均为近似值，受系统环境、蓝牙连接、话机设定及使用等影响。

电池使用时间将根据网络设定、信号强弱、操作温度、选用功能、语音、资料及其他使用习惯而有所不同。

选定以上两段文字→"开始"→"项目符号"→"◆"，把两段文字的"字号"设置成"8"。

（3）制作第2栏。

① 把1幅手机"横正面"图片放在第2栏上部，剪裁并调整大小适中，选中图片→"图片工具"→"格式"，在"图片样式"中选择"圆形对角，白色"。

② 在第2栏下部插入一个文本框："插入"→"文本框"→"简单文本框"；在文本框内输入下面3行文字，并设置成"右对齐"，如图4-6所示。把文本框内全部文字设置成"中文字体：黑体，西文字体：Arial Black，字形：加粗倾斜，字号：小五"，再单独把第2行设置成"四号"字。把文本框边框设置成"无线条颜色"：右击文本框的边框→"设置形状格式"→"填充"→"无填充"→"线条颜色"→"无线条"，设置完成后的效果如图4-7所示。

在线购买请至
MOTO 网上专卖
MOTOSYORE.COM.CN

图 4-6　文本框设置

在线购买请至
MOTO 网上专卖
MOTOSYORE.COM.CN

图 4-7　文本框及文字设置效果

③ 在第2栏下部输入摩托罗拉XT701型手机网上专卖的网址：www.motorola.com.cn/XT701，并设置成"西文字体：Arial，字形：加粗倾斜，字号：8，字体颜色：蓝色"。

（4）制作第3栏。

① 把摩托罗拉公司商标移动到左上角，裁剪成合适的大小。

② 输入第1行文字"MOTO　XT701"，设置成"西文字体：Arial Black，加粗倾斜，一号，两端对齐"。输入第2行文字"网络新生纪"，设置成"宋体，加粗倾斜，四号，居中"。输入第3行文字"智酷3G新境界"，设置成"黑体，加粗倾斜，二号，空心，右对齐"。

③ 把一幅手机"竖正面"图片移动到正中位置，手机"横正面"图片移动到右下角并调整大小。把插入点定位在手机"竖正面"图片的下方，"插入"→"艺术字"，选择一种合适的艺术字样式，输入"全新上市"。

④ "插入"→"文本框"→"简单文本框"，在文本框内输入5行文字，并设置成"左对齐"，如图4-8所示。把文本框内的全部文字设置成"中文字体：幼圆，西文字体：Arial，字形：加粗，字号：小五，下划线：单线，项目符号：●"。再把文本框内的前3行文字的后半部分设置成"六号"。把文本框的边框线设置成"无线条颜色"。制作完成后的效果如图4-9所示。把制作好的文本框移动到左下角位置。

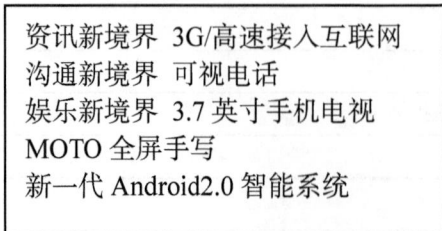

资讯新境界　3G/高速接入互联网
沟通新境界　可视电话
娱乐新境界　3.7英寸手机电视
MOTO 全屏手写
新一代 Android2.0 智能系统

图 4-8　文本框内的文字

● 资讯新境界　3G/高速接入互联网
● 沟通新境界　可视电话
● 娱乐新境界　3.7英寸手机电视
● MOTO 全屏手写
● 新一代 Android2.0 智能系统

图 4-9　文本框内文字设置效果

⑤ "插入"→"文本框"→"简单文本框",在文本框内部输入文字"MOTO 智酷 XT701",并设置成"中文字体:宋体,西文字体:Arial,加粗倾斜,小五号"。把文本框的边框线设置成"无线条颜色"。把制作好的文本框移动到右下角位置。

⑥ 把光标定位在最后一行,"插入"→"分页"。

4.制作第2页(内面)广告。

(1)插入第2页所需的3幅手机图片("竖正面"、"竖侧面"和"横正面")。

(2)制作第1栏。

① 把1幅手机"竖正面"图片和1幅手机"竖侧面"图片设置成"四周型环绕",裁剪后组合在一起,组合好的图片放在第1栏上部。

② 输入文字并进行设置(从第1栏中部开始输入)。

输入文字"MOTOXT701",并设置成"西文字体:Arial Black,加粗倾斜,二号"。

输入文字"(全屏触摸手机)",并设置成"中文字体:宋体,加粗倾斜,五号"。

输入文字"网络新生纪",并设置成"宋体,加粗倾斜,四号"。

输入下面一段文字,并设置成"中文字体:宋体,西文字体:Arial,小五号"。

极速畅行3G时代,掌上互联由此新生!摩托罗拉XT701(智酷MOTO XT701)3G智能手机,让旧资讯时代就此终结,全新网络观念为您开启!智酷MOTO XT701全触摸屏手机,支持在3G(WCDMA)高速互联及WLAN无线局域网双通道间自由切换,配合3.7英寸超大高清晰分辨率全触屏,网络世界尽收掌中;新一代Android 2.0开放平台,支持个性扩展应用;配合MOTO智件园,提供丰富应用下载,体验精彩应用,创新永无止境;预置文件管理器,支持电脑手机互联,时时更新并管理客户端应用软件;强劲的 Cortex™-A8 四核处理器,让多媒体观赏,图形处理,信息搜寻等多重任务流畅协作,达成使命,毫不延迟。以个性设置畅行3G时空,MOTO智酷 XT701,欢迎你进入网络新生纪!

(3)制作第2栏。

① 输入下面的全部文字。

主要功能:

3G#/WAPI/WIFI高速接入,完全互联体验极速到来。

3G互联时代,让网络快些,再快些!摩托罗拉XT701(智酷MOTO XT701)是一款全触摸屏手机,支持3G高速互联网接入及WLAN无线局域网(WAPI /WIFI),随时实现无缝高速互联,以极速接入带来极速快感。无论资讯、娱乐,第一时间,尽取所需;3.7英寸超大全触屏,多点触控,配合480×854分辨率高清晰显示,支持网页全屏浏览,畅享精妙视觉,体验绝妙触感;更支持MOTO智能指书,令网络互动得心应手。拥有智酷MOTO XT701,瞬息万变的精彩网络世界,轻松操控,尽收眼底!

新一代Android 2.0智能系统,无穷创意随心应用。

新鲜创意每天涌现,如何才能一一实现?摩托罗拉XT701(智酷MOTO XT701)不仅是一款全屏触摸手机,更以新一代Android 2.0开放平台和MOTO智件园全面满足你!丰富的应用软件,涵盖商务、生活、游戏、娱乐,全无遗漏;开放性的平台,使其搭载软件可以无上限随时更新;配合文件管理器,有条不紊的管理和装备你的创新应用,随时贴身个性化手机;更支持电脑手机互联,你可以选择方便的手机下载,或是省去流量费的电脑下载,让软件轻松获得,随意应用。有智酷MOTO ×T701,实现你个性化的奇思妙想,不费吹灰之力。

全面硬件配备,精彩于外,强劲于心。

外在的精彩表现，需要内在的过人实力。所以摩托罗拉 XT701（智酷 MOTO XT701）的硬件配备，全面而强劲：500 万像素自动对焦数码相机，专业疝气闪光灯，高质量影像随手可得；GPS 独立卫星定位导航*△，附带全国ˇ地图及 1500 万条兴趣点，有它即可畅行天下；最令人称道的，是它的 Cortex™-A8 内核，由四款超标量应用处理器组成，各司其职，分工协作，提供了 1.5～3 倍于 ARM 11 处理器的能力，以一当十，带来业界最新的通用、多媒体和图形处理单芯片组合，执行包括影音多媒体观赏，图形处理，信息搜寻等多重任务时，也可毫无延迟，流畅达成！如此强劲内在，精彩表现，惬意呈现！

② 把"主要功能:"设置成"黑体，加粗，四号，橙色"。

③ 把 3 个标题都设置成"宋体，加粗，五号，段前间距 0.5 行，段后间距 0.5 行"。

④ 把 3 个段落的文字都设置成"中文字体：宋体，西文字体：Arial，字号：小五"。

（4）制作第 3 栏。

① 把 1 幅手机"横正面"图片放置在第 3 栏上部。

② 输入下面的全部文字。

其他功能:

输入法：中文输入

信息功能：支持中文短信，多媒体短信,短信群发

通讯录：话机通讯录，通讯录群组,通话记录

铃声：和弦铃声，MP3 铃声

触摸屏：全触屏，支持电容触摸屏

内置游戏：内置游戏

E-mail:支持多种邮件格式

个性化铃声：来电铃声识别

个性化图片：来电图片识别

蓝牙接口：2.1+EDR 高速传输/无线蓝牙立体声

数据业务：GPRS、EDGE、HSDPA

WAP 上网：WAP 上网

WWW 浏览器：WWW 浏览器

数据线接口：HDMI 接口

扩展卡：microSD 存储卡扩展，最大 32G

MP3 播放器:内置

拍照功能：内置，主相机——500 万像素 CMOS 传感器，照片分辨率——多种照片分辨率，视频拍摄——有声视频拍摄

视频播放：多媒体视频播放

FM 收音机：内置

存储卡格式:支持 T-Flash 存储卡；micro SD 存储卡扩展，最大 32G

③ 把"其他功能:"设置成"黑体，加粗，四号，橙色"。

④ 把"其他功能:"下面全部"功能名称"的文字都设置成"宋体，加粗，小五号，深蓝色，项目符号●"。

⑤ 把全部"功能名称"后面的文字都设置成"宋体，小五号"。

5．背景设置。

（1）制作背景图片。

① 新建一个空白文档，"页面布局"→"页面颜色"→"填充效果"→"渐变"，在"颜色"框中单击"双色"，然后在"颜色1"中选择"标准色"中的"浅蓝"，"颜色2"中选择"白色，背景1"，在"底纹样式"框中选择"水平"。

② "开始"→"截图工具"，按住并拖动鼠标左键选定可作为背景图片的区域，在"截图工具"窗口中单击"保存截图"按钮，文件名为"双色背景.jpg"。

（2）设置背景图片。

① 在第1页广告中插入图片"双色背景.jpg"。激活图片，"图片工具"→"格式"→"位置"→"其他布局选项"→"文字环绕"→"衬于文字下方"。

② 激活图片"双色背景.jpg"，拖动图片上的控制点，把图片调整到整个纸张的大小。

③ 按步骤①、②的操作，将图片"双色背景.jpg"也设置成第2页广告的背景图片。

④ 激活某一张图片，"图片工具"→"格式"→"删除背景"，图片背景变成透明，即与整个页面背景一致。

实验四 制作个人简历

一、实验目的

利用 Word 2010 的图文表混合排版功能，制作出应届毕业生的个性化"个人简历"。

二、实验效果

个人简历实验效果如图 4-10 所示。

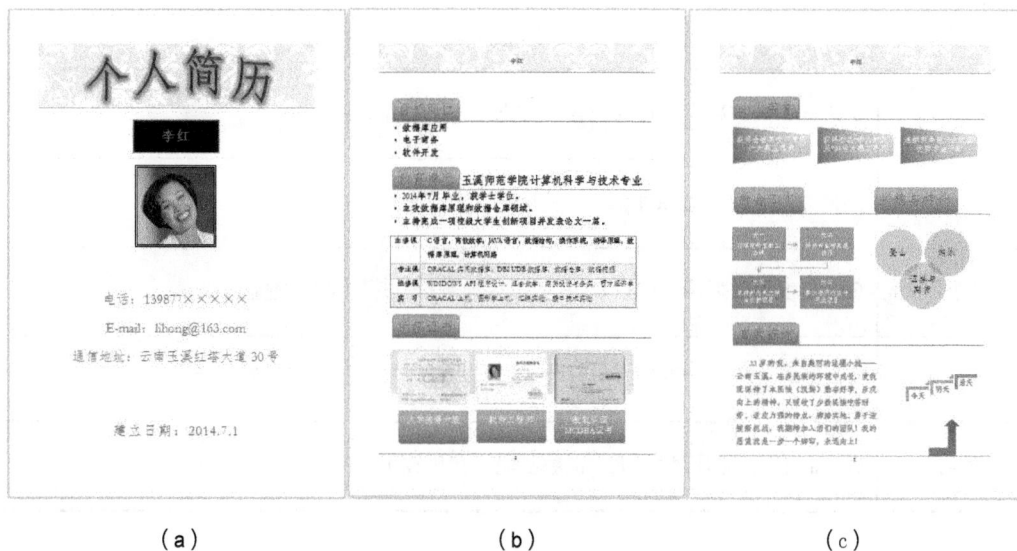

（a）   （b）   （c）

图 4-10 个人简历实验效果

三、实验内容

1. 制作第 1 页（封面）

（1）"文件"→"新建"→"样本模板"→"黑领结简历"→"创建"，在"简历名称"框中插入一种合适的艺术字"个人简历"，将其设置成"72 磅"以及合适的格式。

（2）在"作者"框中输入"李红"，并将其设置成红色，移动到合适位置。

（3）在"作者"框的下方插入李红的照片并调整成合适大小。

（4）在"联系方式"框中输入"电话"、"电子邮件地址"和"通讯地址"。

（5）删除其他多余的框，在最下方输入文字"建立日期：2014.7.1"。

2. 制作第 2 页

（1）"插入"→"SmartArt"→"选项卡列表"，在第一个选项卡中输入文字"目标职位"，在其下方输入 3 行文字"数据库应用"，"电子商务"，"软件开发"。在第二个选项卡中输入文字"教育情况"，在其下方输入 3 行文字："2014 年 7 月毕业，获学士学位"，"主攻数据库原理和数据仓库领域"，"主持完成一项校级大学生创新项目并发表论文一篇"；在其右边输入文字"玉溪师范学院计算机科学与技术专业"。

（2）删除第三个选项卡。

（3）选定第一个选项卡"目标职位"→"SmartArt 工具-格式"→"形状填充"→"渐变"→"其他渐变"→"渐变填充"→"预设颜色"→"碧海青天"，把文字"目标职位"的颜色设置成"红色"。其他选项卡都依照此方法制作。

（4）在"选项卡列表"的下方制作如表 4-7 所示的"所修课程"表格，并设置成"浅色网格-强调文字颜色 2"的格式。

表 4-7 所修课程

主修课	C 语言、离散数学、Java 语言、数据结构、操作系统
	编译原理、数据库原理、计算机网络
专业课	Oracal 实用数据库、DB2 UDB 数据库、数据仓库、数据挖掘
选修课	Windows API 程序设计、组合数学、期货投资与务实、西方经济学
实习	Oracal 上机、图形学上机、汇编实验、接口技术实验

（5）依照上面的方法建立选项卡"所获证书"，在其下方单击"插入"→"SmartArt"→"水平图片列表"，分别插入图片"英语六级证书"、"软件工程师证书"和"微软认证 MCDBA 证书"，输入各张图片的说明性文字，并将文字框设置成"碧海青天"填充效果。

3. 制作第 3 页

（1）依照上面的方法建立选项卡"个人荣誉"，在其下方单击"插入"→"SmartArt"→"列表"→"梯形列表"，在 3 个列表中分别输入文字："获得全省高校网页设计大赛三等奖"，"获得校级新人新风采辩论大赛二等奖"，"连续两年被评为校级优秀学生干部"。设置填充效果：选定第一个"梯形列表"，单击"SmartArt 工具-格式"→"形状填充"→"渐变"→"其他渐变"→"渐变填充"→"预设颜色"→"茵茵绿原"→"方向"→"线性向上"。依照上面的方法设置后面 2 个"梯形列表"的填充效果。

（2）依照上面的方法建立选项卡"社会工作"，在其下方单击"插入"→"SmartArt"→"流程"→"重复蛇形流程"，在四个流程中分别输入文字："大一在学校食堂勤工助学"、"大二给高中生做家庭教师"、"大三主持并完成大学生创新项目"、"大四参加老师的软件开发项目"。设置填充效果：选定流程图，单击"SmartArt 工具-设计"→"更改颜色"→"彩色范围"，强调文字颜色 5-6。

（3）依照上面的方法建立选项卡"兴趣与特长"，在其下方单击"插入"→"SmartArt"→"关系"→"互连圆环"，在三个圆环中分别输入文字："登山"，"游泳"，"证券与期货"。设置填充效果：选定互连圆环图，单击"SmartArt 工具-设计"→"更改颜色"→"彩色范围"，强调文字颜色 5-6。

（4）依照上面的方法建立选项卡"自我描述"，在其下方插入一个普通文本框，输入文字"23岁的我，来自美丽的边疆小城——云南玉溪。在多民族的环境中成长，使我既保持了本民族（汉族）勤奋好学、乐观向上的精神，又吸收了少数民族吃苦耐劳、适应力强的特点，脚踏实地、勇于迎接新挑战，我期待加入您们的团队！我的愿望就是一步一个脚印，永远向上！"将文字设置为合适的格式。单击"插入"→"SmartArt"→"流程"→"步骤上移流程"，在三个流程中分别输入文字"今天、明天、后天"，将流程和文字都设置成合适的颜色。画一个向上的箭头并设置成红色。

（5）选定页眉中的文字"李红"，将其设置成"红色"。

实验五　制作考试试卷

一、实验目的

利用 Word 2010 的页面设置、分栏、字体和段落、表格、文本框、绘图、页码设置等功能，制作出标准的考试试卷。

二、实验效果

制作考试试卷实验效果如图 4-11 和图 4-12 所示。

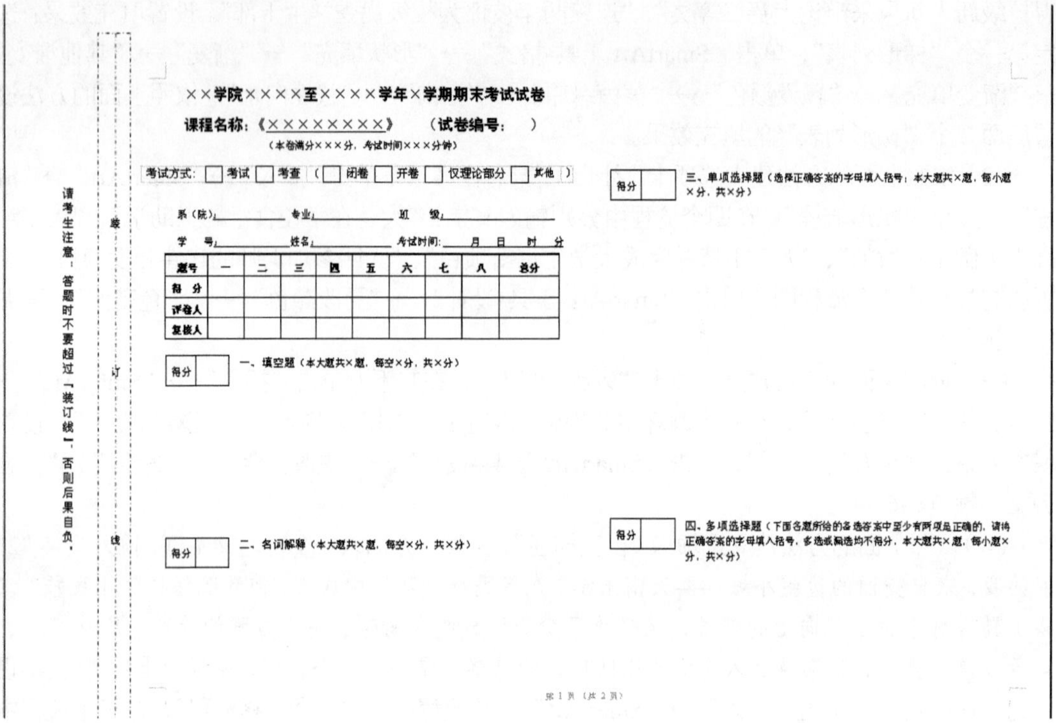

××学院××××至××××学年×学期期末考试试卷

课程名称：《××××××××》　（试卷编号：　）

（本卷满分×××分，考试时间×××分钟）

考试方式：□考试 □考查（□闭卷 □开卷 □仅理论部分 □其他）

系（院）：　专业：　班　级：

学　号：　姓名：　考试时间：　月　日　时　分

题号	一	二	三	四	五	六	七	八	总分
得 分									
评卷人									
复核人									

得分　一、填空题（本大题共×题，每空×分，共×分）

得分　二、名词解释（本大题共×题，每空×分，共×分）

得分　三、单项选择题（选择正确答案的字母填入括号：本大题共×题，每小题×分，共×分）

得分　四、多项选择题（下面各题所给的备选答案中至少有两项是正确的，请将正确答案的字母填入括号，多选或漏选均不得分，本大题共×题，每小题×分，共×分）

请考生注意：答题时不要超过「装订线」，否则后果自负。

装　订　线

第 1 页（共 2 页）

图 4-11　考试试卷实验效果（1）

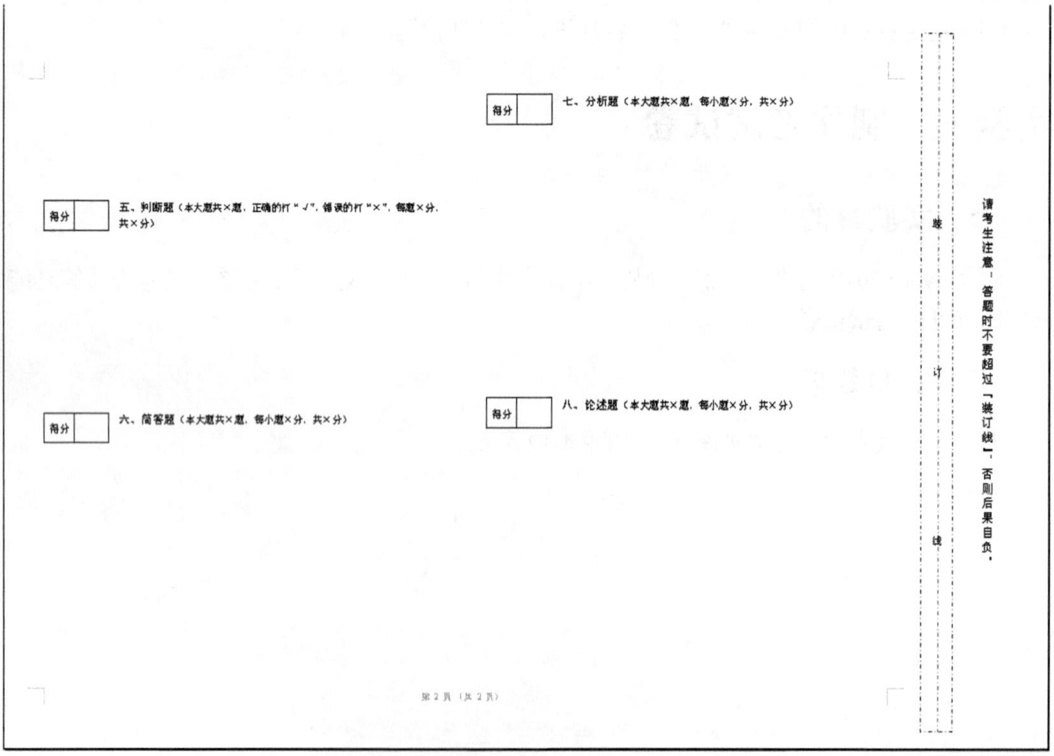

得分　五、判断题（本大题共×题，正确的打“√”，错误的打“×”，每题×分，共×分）

得分　六、简答题（本大题共×题，每小题×分，共×分）

得分　七、分析题（本大题共×题，每小题×分，共×分）

得分　八、论述题（本大题共×题，每小题×分，共×分）

装　订　线

请考生注意：答题时不要超过「装订线」，否则后果自负。

第 2 页（共 2 页）

图 4-12　考试试卷实验效果（2）

三、实验内容

1．页面设置。

"页面布局"→"页边距"→"自定义边距"，把"纸张方向"设置成"横向"，把"页码范围"设置成"多页：对称页边距"，把"页边距"设置成"上：2.7 厘米，下：2.2 厘米，内侧：6 厘米，外侧：1.5 厘米"，把"纸张大小"设置成"自定义大小，宽度：39 厘米，高度：27 厘米"，把"预览"设置成"应用于：整篇文档"。

2．分栏设置。

"页面布局"→"分栏"，把"栏数"设置成"2"，把"宽度和间距"设置成"宽度：40.15 字符，间距：4.75 字符"，如图 4-13 所示。

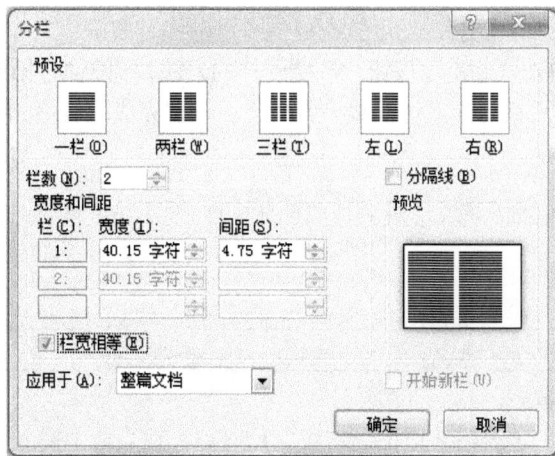

图 4-13　分栏设置

3．输入试卷的内容（字体、段落及表格）。

（1）输入标题文字。

在标题处输入文字"××学院××××至××××学年×学期期末考试试卷"，并将文字设置成"黑体、三号、居中"。

（2）输入课程名称。

在课程名称处输入文字"课程名称：《×××××××××》　　（试卷编号：　）"，并将文字设置成"黑体、小三号、居中"，给"×××××××××"项加"下划线"。

（3）输入文字。

继续输入文字"（本卷满分×××分，考试时间×××分钟）"，并将文字设置成"宋体、五号、居中"。

（4）制作表格。

制作如图 4-14 所示的 1×15 的表格（在表格上方空出一行）。

考试方式：☐ 考试　☐ 考查　（☐ 闭卷　☐ 开卷　☐ 仅理论部分　☐ 其他　）

图 4-14　绘制表格

① 制作 1×15 的表格。

② 在第 1、第 3、第 5、第 6、第 8、第 10、第 12、第 14 和第 15 单元格中输入相应的文字或符号，设置表格中全部文字格式为"宋体，小四号"。

③ 在"表格工具"→"布局"功能区中，把表格"高度"设置成"0.44 厘米"，把第 2、第 4、第 6、第 7、第 9、第 11、第 13 和第 15 单元格的"宽度"均设置成"0.64 厘米"，把第 3、第 5、第 8、第 10 和第 14 单元格的"宽度"均设置成"1.28 厘米"，把第 1 单元格的"宽度"设置成"2.4 厘米"，把第 12 单元格的列宽设置成"2.58 厘米"。设置完成的表格如图 4-15 所示。

考试方式：		考试		考查	（		闭卷		开卷		仅理论部分		其他	）

图 4-15　设置表格行高和单元格的列宽

④ 选定第 1 个单元格，在"表格工具"→"设计"功能区中单击"边框"按钮，在"边框"选项卡中设置"应用于：单元格"，然后依次单击"上框线"按钮、"下框线"按钮和"左框线"按钮（去掉边框线），单击"确定"按钮。按照同样的方法，把第 3、第 5、第 6、第 8、第 10、第 12、第 14 和第 15 单元格的相应边框线设置成无。设置完成的表格如图 4-14 所示。

（5）输入考生信息。

输入以下 2 行考生信息，把文字设置成"黑体，11 磅"，把"考试时间：＿＿＿月＿＿日＿＿＿时＿＿＿分"设置成"宋体，11 磅"。

系（院）：＿＿＿＿＿＿＿＿专业：＿＿＿＿＿＿＿＿ 班　　级：＿＿＿＿＿＿＿＿＿＿＿＿

学　　号：＿＿＿＿＿＿＿＿姓名：＿＿＿＿＿＿＿＿＿考试时间：＿＿＿月＿＿日＿＿＿时＿＿分

（6）制作统计分数表。

画出 4×10 的表格，把表格外边框设置成"1.5 磅"，在表格中输入全部文字，并将文字设置成"宋体，五号，加粗"。"表格工具"→"布局"→"自动调整"→"根据内容自动调整表格"，把表格调整到适中，如表 4-8 所示。

表 4-8　　　　　　　　　　统计分数表

题号	一	二	三	四	五	六	七	八	总分
得　分									
评卷人									
复核人									

（7）制作得分表。

画出 1×2 的表格，把表格外边框设置成"1.5 磅"，输入文字"得分"并将其设置成"宋体，五号，中部居中"，调整表格大小到适中，如图 4-16 所示。"表格工具"→"布局"→"属性"，将"文字环绕"设置成"环绕"。

得分	

图 4-16　得分表

（8）输入题目名称。

输入下列各大题的题目名称（各题目名称之间空出若干行）。

一、填空题（本大题共×题，每空×分，共×分）

二、名词解释（本大题共×题，每空×分，共×分）

三、单项选择题（选择正确答案的字母填入括号；本大题共×题，每小题×分，共×分）

四、多项选择题（下面各题所给的备选答案中至少有两项是正确的，请将正确答案的字母填入括号，多选或漏选均不得分，本大题共×题，每小题×分，共×分）

五、判断题（本大题共×题，正确的打"√"，错误的打"×"，每题×分，共×分）

六、简答题（本大题共×题，每小题×分，共×分）

七、分析题（本大题共×题，每小题×分，共×分）

八、论述题（本大题共×题，每小题×分，共×分）

（9）把各个大题的题目名称设置成"黑体，小四号"；括号内的备注为"宋体，五号"。

（10）将制好的"得分表"复制7份，分别拖动到每一大题题目的前边。

4．制作提示信息和装订线。

（1）制作提示信息。

插入一个高25.3厘米、宽1.6厘米的竖排文本框，输入文字"请考生注意：答题时不要超过"装订线"，否则后果自负。"，并设置成"宋体，小四号"；把文本框格式中的边框线条设置成"无线条颜色"。

（2）制作装订线。

① 插入一个高25.3厘米、宽1.2厘米的竖排文本框，把文本框的边框线条设置成"划线-点"。

② 输入文字"装订线"，把"装订线"3个字的字号设置成"宋体，五号，居中"，文字宽度调整为"32字符"：选定"装订线"3个字 →"开始"→"分散对齐" →"新文字宽度" →"32字符" →"确定"。

③ 在"装订线"文本框中间画一条竖直线，并将线型设置成"划线-点"：在"插入"→"形状"→"线条"→"直线"按钮，画一条竖直线，"绘图工具-格式"→"形状轮廓" →"虚线"，选择"划线-点"。

④ 把"装订线"文本框与竖直线组合在一起：选定"装订线"文本框和竖直线→"绘图工具-格式"→"组合"。

（3）提示信息和装订线的组合。

① 把"提示信息"放在左边，"装订线"放在右边，组合在一起，移动到试卷第1页的左侧。

② 把"提示信息"放在右边，"装订线"放在左边，组合在一起，移动到试卷第2页的右侧。

5．设置页码。

（1）"插入"→"页码"→"页面底端"→"X/Y"类中的"加粗显示的数字2"。

（2）在当前"页码"的左边输入文字"第"，右边输入文字"页"；在共有"页码"的左边输入文字"共"，右边输入文字"页"。

实验六　制作邀请函

一、实验目的

利用 Word 2010 的邮件合并功能和图文混合排版功能，制作出同学聚会"邀请函"（各种会议邀请函、录取通知书、奖状等均可使用此方法制作）。

二、实验效果

邀请函实验效果如图 4-17 所示。

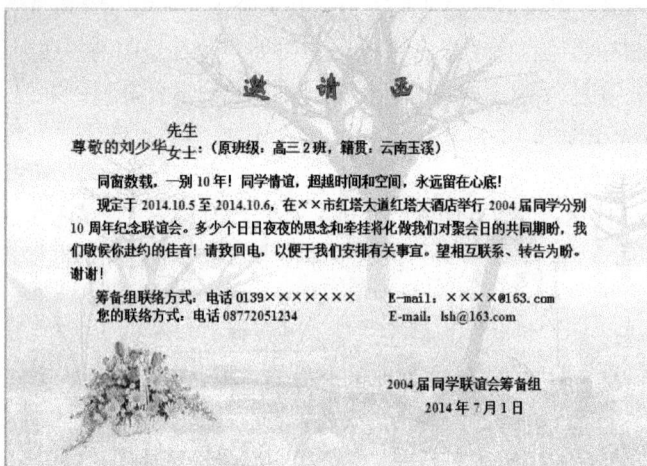

（a）

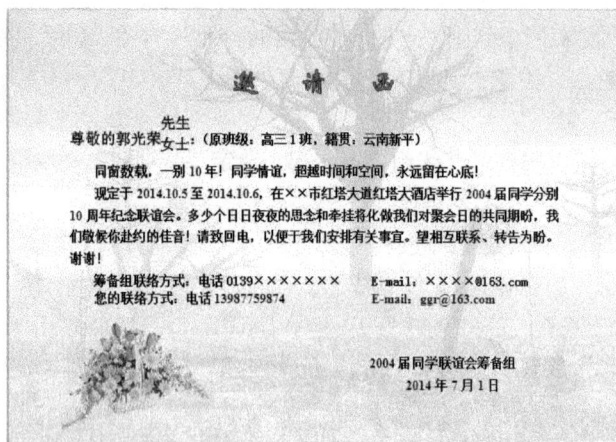

（b）

图 4-17　邀请函实验效果

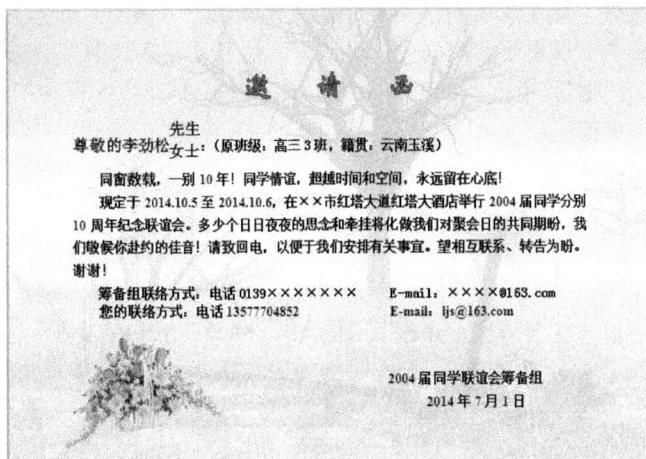

（c）

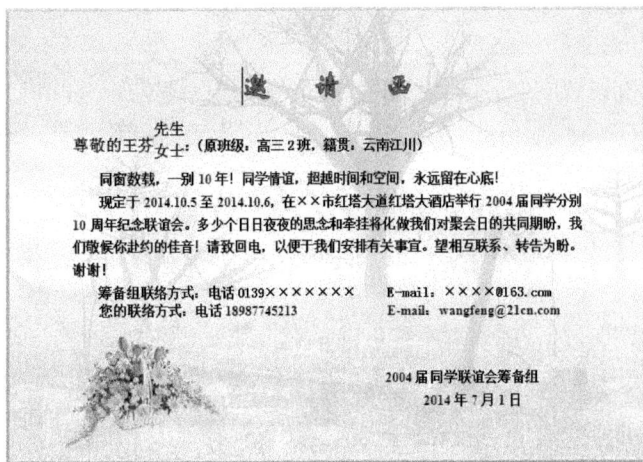

（d）

图 4-17　邀请函实验效果（续）

三、实验内容

1．页面设置。

"页面布局" → "页边距" → "自定义边距"，把"页边距"设置成"上：1.5 厘米，下：1.5 厘米，左：2 厘米，右：2 厘米"，将"纸张方向"设置成"横向，将"纸张大小"设置成"大 32 开（14 厘米×20.3 厘米）"，将"预览"设置成"应用于：整篇文档"。

2．创建主文档。

（1）输入下列文字。

邀请函

尊敬的先生女士：（原班级、籍贯）

同窗数载，一别 10 年！同学情谊，超越时间和空间，永远留在心底！

现定于 2014.10.5 至 2014.10.6，在××市红塔大道红塔大酒店举行 2004 届同学分别 10

周年纪念联谊会。多少个日日夜夜的思念和牵挂将化做我们对聚会日的共同期盼，我们敬候你赴约的佳音！请致回电，以便于我们安排有关事宜。望相互联系、转告为盼。谢谢！

筹备组联络方式：电话 0139××××××　　　E-mail: ×××@163.com

您的联络方式：电话　　　　　　E-mail:

2004 届同学联谊会筹备组

2014 年 7 月 1 日

（2）格式设置。

① 选择文字"邀请函"，在"开始"功能区中将其设置成"字体：华文新魏，字号：一号，字体颜色：红色，加粗，文本效果：轮廓-自动，中文版式：调整宽度为 6 字符，居中"。

② 选择文字"尊敬的先生女士："，在"开始"功能区中将其设置成"字号：四号，加粗"。选择文字"先生女士"→"开始"→"中文版式"→"合并字符"→字号：14 磅→"确定"。合并后的效果如图 4-18 所示。

尊敬的先生女士：

图 4-18　合并字符

③ 把其他文字都设置成"字号：小四"，把联络方式行设置成"加粗"，把最后两行文字调整到右下方。将正文的 3 个段落的"首行缩进"都设置为"2 字符"，段间距设置成"行距：固定值，设置值：20 磅"。

（3）图片及背景设置。

①"插入"→"图片"，插入图片"花篮.jpg"。单击"图片工具"→"格式"功能区中的"位置"按钮，选择"底端居左，四周型文字环绕"。

②"插入"→"图片"，插入图片"背景.jpg"。单击"图片工具"→"格式"功能区中的"位置"按钮，选择"其他布局选项"，单击"文字环绕"选项卡，选择"衬于文字下方"。"图片工具"→"格式"→"颜色"→在"重新着色"下方选择"冲蚀"。拖动图片上的控制点，调整图片大小与纸张大小一致。

③ 激活图片"花篮.jpg"，"图片工具"→"格式"→"颜色"→"设置透明色"，单击图片"花篮.jpg"的白色部分，图片背景变成透明，即与整个页面背景一致。

创建好的主文档如图 4-19 所示。

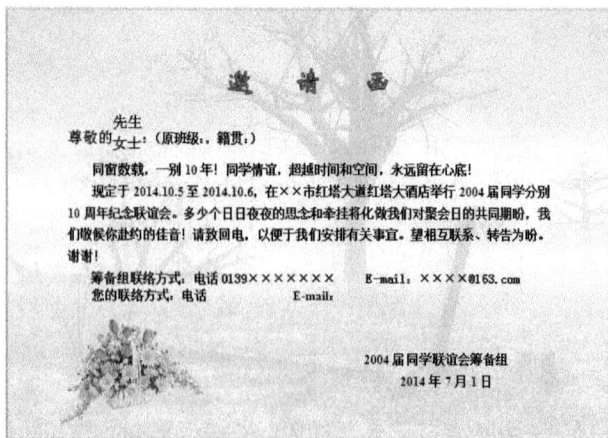

图 4-19　创建好的主文档

3．创建数据源。

（1）在 Word2010 中建立表格，输入同学信息数据，如表 4-9 所示。

（2）单击"保存"按钮，将"文件名"设置为"同学名册.docx"。

表 4-9　　　　　　　　　　　　　　同学信息数据

姓名	班级	籍贯	电话	E-mail
刘少华	高三 2 班	云南玉溪	08772051234	lsh@163.com
郭光荣	高三 1 班	云南新平	13987759874	ggr@163.com
李劲松	高三 3 班	云南玉溪	13577704852	ljs@163.com
王芬	高三 2 班	云南江川	18987745213	wangfeng@21cn.com

4．邮件合并。

（1）"邮件"→"选择收件人"→"使用现有列表"，选择文件"同学名册.docx"。

（2）将插入点定位在"尊敬的"3 个字中 "的"字的后面，单击"插入合并域"按钮，选择"姓名"。使用同样的方法插入"班级"、"籍贯"、"电话"和"E-mail"。插入全部合并域后的效果如图 4-20 所示。

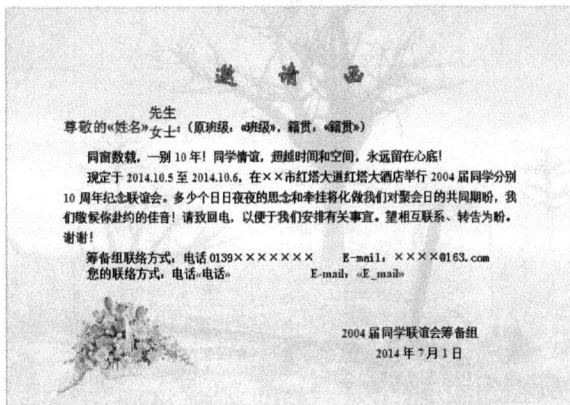

图 4-20　插入全部合并域后的效果

（3）单击"预览结果"按钮，观看合并后的效果。

（4）单击"完成并合并"按钮，选择"编辑单个文档"，在"合并到新文档"对话框中，选中"全部"，然后单击"确定"按钮，所有合并成的文档都被放入新文档"信函 1"中。

（5）单击"保存"按钮，将"信函 1"保存为"邀请函.docx"。合并效果如图 4-20 所示。

实验七　制作"云南著名温泉"宣传手册

一、实验目的

利用 Word 2010 的图文混合排版功能及目录制作功能，制作出"云南著名温泉"宣传手册。

二、实验效果

"云南著名温泉"宣传手册实验效果如图 4-21 所示。

（a）　　　　　　　　　　（b）

（c）　　　　　　　　　　（d）

图 4-21　"云南著名温泉"宣传手册效果图

玉溪映月潭

映 月潭位于"云南第一村"——玉溪市红塔区大营街，距玉溪市区3公里。映月潭中共有十几个不同的浴池供游人浸浴。

进入映月潭，一个叫"映月阁"的小亭子出现在眼前，里面背着几个浴池：红酒浴、咖啡浴和药浴。红酒浴具有体内排毒、补充皮肤阔肤水分的功效；咖啡浴美白香浓、瘦身、使皮肤更加光泽红润有弹性；疗方药浴的功效是：排除体内毒素、消除疲劳、健脾、延年益寿。"贵妃百花浴"的温度高达40℃以上，里面浸泡着红色的玫瑰花瓣，散发出淡淡的玫瑰花浴香。泡"贵妃百花浴"时先得在旁边温度较低的L型温池中浸泡，以适应"贵妃百花浴"较高的温度。"月泉"是一个人工的瀑布，有"柠檬浴"、"芦荟浴"、"黄瓜浴"等几个浴池。在足浴厅，你可以将身水注满特制的木桶，把脚放进去，底部还镶着有按摩效果的鹅卵石，相当于做了一次天然的足疗。"水上吧"其实就是一个建在温泉上的小吃店，在这里可以一边泡温泉一边看玉溪的特色小吃，喝着冰凉的啤酒，清真宜人。

(e)

华宁象鼻温泉

象 鼻温泉距玉溪市80公里，距昆明市148公里，占地2.3平方公里，建筑面积7万平方米。

温泉属沿断裂带深循环的地下水天然露头，流量3760m³/日，水温39～41℃，无色无味，经国家地矿部等单位技术鉴定，属重碳酸泉，含有偏硅酸、锶、锂等11种人体所必需的常量元素和13种微量营养素，温度适宜，四季可浴，品质仅次于国际名泉法国的阿里埃尔矿泉水，是饮浴两用的优质珍贵矿泉水。温泉早在东汉时期就被发现，被沿饮用矿泉水后可提神、健身、驱疾，对皮肤的美容效果显著。明代时彼群众奉为"神水"，一直被开发利用。温泉附近林木拥翠，是乘有金锁古桥及度假村，环境优美，是四季保健增寿、疗养饮浴、生态旅游、休闲度假的理想之地。

象鼻温泉是真正的矿温泉，水温适中，有"天下第一美泉"的赞誉，其水对皮肤病、风湿痛、关节炎等疾病具有辅助治疗作用。温泉内还建有一个标准泳池，冬季在其中畅游能有效促进人体内分泌和新陈代谢，增强免疫力。

(f)

弥勒温泉

弥 勒地热资源丰富，尤以小芹田温泉、梅花温泉、小寨温泉，还有湖泉生态园温泉最为有名。

城东北的小芹田温泉，城西边的梅花温泉，城南面的小寨温泉，远近闻名。芹田温泉又名热水塘温泉，古称步荫温泉，距弥勒县城13公里。温泉四周群山环抱，岩缝喷涌而出，冬春水气蒸腾，云烟弥漫，状似仙境。梅花温泉古称翠碧玉温泉，后以县城梅花寨得名。泉址处建有火龙宫，远处林浴香川流不息。在民间，小芹田温泉与梅花温泉合称"鸳鸯泉"。小寨温泉位于朋普小寨村，古称翠微温泉。小寨村自明洪武年间有回民居住以来，至今有600多年的历史。回民日常生活讲究洁净，四大节日均要斋戒沐浴。他们引泉建起男女两个浴浴沐浴池，每日劳动归来都去沐浴。回民们称小寨温泉为吉祥之泉、养生之泉、圣洁之泉、温馨之泉。

湖泉生态园温泉酒店是按准五星建的，但温泉很平民化，价格不高，条件也不错。这里大大小小有10多个天然温泉，而且浴布在山脚、山腰、山顶，有些散开在露天下面，有些隐藏在茂密的灌木丛里，有些则伏在大榕树下，每个人可以根据自己的喜好选择一个地方下水，是个休闲放松的好去处。除了泡温泉，还可以享受浴足、按摩、美容、美食等。

(g)

大理温泉

大 理洱源地热国温泉水从石缝中流出，汇成一股终年不断的，四季常流的泉水。"三爷温泉四步汤，气蓬迷雾是仙乡"。洱源自古以温泉名扬天下，素有"温泉之乡"的美誉，相传明代文帝未允文官在此增衣群轻逸浸温泉，度过了一段惬意时光。洱源温泉水温在70～90℃之间，富含钾、钙、镁、铁等多种微量元素，用此温泉能袪聚、沐浴，可治疗多种疾病，是天然的"疗养医院"。

洱源温泉为碳酸盐温泉，水质优良，现设有各种档次的浴池，可供人们洗浴。温泉面对碧绿奔流的西洱河、背靠林木挺秀的香霏山，是人们洗尘休憩的好场所，地热图是大理的一颗璀璨新月被评为云南省重点旅游建设项目，建筑风格具中国版风味以入了云南少数民族文化元素，古地近1000亿元人民币，占宙，总投资3.47亿元，是目前亚洲最大的露天温泉沐浴场，可同时容纳10000多人浸泡温泉，几十个各具特色的温泉浴点缀在芦苇及花木之间，若隐若现，形态各异，宛如人间仙境。每当黄昏，地热图会出现万鸟归巢的奇观，漫天的乌儿从四面八方汇集于天然芦苇墙高处，壮观无比。漫步在温泉浴中，听着乌儿的天鸣，闻着芦苇夹泥土的翠香。听着风儿、乌儿、蛙儿、虫儿演奏的曲曲大自然的旋律，真是人生真大的快乐与享受。

(h)

图4-21　"云南著名温泉"宣传手册效果图（续）

三、实验内容

1．资料准备。

查找并搜集有关云南省著名温泉的文字资料和图片资料，保存到相应的文件夹中，以备使用。

2．页面设置。

"页面布局"→"页边距"→"自定义边距"，在"页面设置"对话框中，把"页边距"的"上"、"下"、"左"、"右"都设置成"2 厘米"，把"装订线"设置成"0.5 厘米"，把"装订线位置"设置成"左"，把"纸张方向"设置成"纵向"，把"纸张大小"设置成"16 开(18.4 厘米×26 厘米)"，把"应用于"设置成"整篇文档"。

3．制作封面。

（1）"插入"→"封面"，在"内置"的封面中选择"透视"，在"键入文档标题"框中输入文字"云南著名温泉"，并将其设置成"字体：华文新魏，字号：60"。将"键入文档副标题"框删除，将"摘要"框删除。

（2）删除封面上方的原图，插入一张温泉图片，并设置成"柔滑边缘椭圆"。

4．制作目录及页码。

（1）输入以下介绍温泉的全部文字。

安宁温泉

天下第一汤是安宁温泉的代表，它位于安宁市玉泉山麓，螳螂州畔，与曹溪名刹隔江相望。

温泉的南面，数十公尺长的环云崖矗立路旁河边，树藤交错，洞室累累，历代韵士的摩岩石刻荟萃成海。明谪滇状元杨升庵说它有"七美"，即清澈如镜、石池天成、浮垢自去、不积苔污、温凉适宜、沏茶极佳、宜煮酒烹饪。温泉的水温在42～45℃之间，且无硫磺味，日流量约6000吨；含重碳酸钙、镁、钾、氡等微量元素，宜浴宜饮，对皮肤病、风湿性关节炎和多种肠胃疾病均有疗效，被明代文人杨慎誉为"天下第一汤"。现已成为著名的旅游疗养胜地。游人若在此畅浴一番，可解旅途尘劳。著名的地理学家徐霞客曾将其嘉许为"第一池"。

腾冲热海

热海位于腾冲县西南20公里处，面积约9平方公里，较大的气泉、温泉群共有80余处，其中10个温泉群的水温达90℃以上，到处都可以看到热泉在呼呼喷涌。世界上有温泉的地方很多，但像腾冲热海这样面积之广、泉眼之多实属罕见。

腾冲是中国三大地热地区之一，腾冲热海中最典型的是"大滚锅"。它的直径有3米多，水深1.5米，水温达97℃，昼夜翻滚沸腾，四季热气蒸腾，周围随手摸到的岩壁都是热的。

在澡塘河，有一个地质断裂带和一条大河交叉形成一个飞泻轰鸣的瀑布，下面有十几处热泉、汽泉昼夜喷涌而出，水汽交融。其轰鸣声非常震撼人心，稍微走近，就感觉蒸腾的水汽如烟如雾，人也如被云雾缭绕，如梦如幻。

玉溪映月潭

映月潭位于"云南第一村"——玉溪市红塔区大营街，距玉溪市区5公里。映月潭中共有十几个不同的浴池供游人浸泡。

进入映月潭，一个叫"映月阁"的小亭子出现在眼前，里面有三个浴池：红酒浴、咖啡浴和药浴。红酒浴具有体内排毒、补充皮肤润肤水分的功效；咖啡浴美白香体、瘦身、使皮肤更加光泽红润有弹性；瑶方药浴的功效是：排除体内毒素、消除疲劳、健脾、延年益寿。"贵妃百花浴"的温度高达40℃以上,里面浸泡着红色的玫瑰花瓣,散发出淡淡的玫瑰花清香。泡"贵妃百花浴"时先得在旁边温度较低的L型温泉池中浸泡,以适应"贵妃百花浴"较高的温度。"月泉"是一个人工的瀑布,有"柠檬浴"、"芦荟浴"、"黄瓜浴"等几个浴池。在足浴厅,你可以将泉水注满特制的木桶,把脚放进去,底部还镶着有按摩效果的鹅卵石,相当于做了一次天然的足疗。"水上吧"其实就是一个建在温泉上的小吃店,在这里可以一边泡温泉一边吃着玉溪的特色小吃,喝着冰凉的啤酒,清爽宜人。

华宁象鼻温泉

象鼻温泉距玉溪市80公里,距昆明市148公里,占地2.3平方公里,建筑面积7万平方米。

温泉属沿断裂带深循环的地下水天然露头,流量 $3760m^3$/日,水温39~41℃,无色无味,经国家地矿部等单位技术鉴定,属重碳酸泉,含有偏硅酸,锶、锂等11种人体所必需的宏量元素和13种微量营养素,温度适宜,四季可浴,品质仅次于国际名泉法国的佩里埃矿泉水质,是饮浴两用的优质珍贵矿泉水。温泉早在东汉时期就被发现,淋浴饮用矿泉水后可提神、健身、驱疾,对皮肤的美容效果显著。明代时期被群众奉为"神水",一直被开发利用。温泉附近林木拥翠,泉畔有金锁古桥及度假村,环境优美,是四季保健增寿、疗养饮浴、生态旅游、休闲度假的理想之地。

象鼻温泉是真正的矿温泉,水温适中,有"天下第一美泉"的赞誉,其水对皮肤病、风湿痛、关节炎等疾病具有辅助治疗作用。温泉内还建有一个标准泳池,冬季在其中畅游能有效促进人体内分泌和新陈代谢,增强免疫力。

大理洱源温泉

洱源地热国温泉水从石罅中流出,聚成一股终年不断,四季常流的泉水。"三步温泉四步汤,气蒸迷雾是仙乡"。洱源自古以温泉名扬天下,素有"温泉之乡"的美誉。相传明建文帝朱允炆曾在此僧衣麻鞋浸泡温泉,度过了一段难忘时光。洱源温泉水温在70~90℃之间,富含钾、钙、镁、铁等多种微量元素,用此温泉熏蒸、沐浴,可治疗多种疾病,是天然的"理疗医院"。

洱源温泉为碳酸盐温泉,水质优良,现设有各种档次的浴池,可供人们洗浴。温泉面对蜿蜒奔流的西洱河、背靠林木挺秀的者摩山,是人们洗尘休憩的好场所。地热国是大理黄金旅游线上的一颗璀璨新星,2006年2月被评为云南省重点旅游建设项目,建筑风格以中国版图为蓝本建设,并融入了云南少数民族文化元素,占地近1000亩,总投资3.47亿元人民币,是目前亚洲最大的露天温泉沐浴场,可同时容纳10000多人浸泡温泉。几十个各具特色的温泉池点缀在芦苇及花木之间,若隐若现,形态各异,宛如人间仙境。每当黄昏,地热国会出现万鸟归巢的奇观,漫天的鸟儿从四面八方汇集于天然芦苇荡栖息,比冬日昆明翠湖的红嘴鸥还多,壮观无比。泡在温泉池中,看着鸟儿漫天飞舞,闻着芦苇夹泥土的馨香,听着风儿、鸟儿、蛙儿、虫儿演奏的曲曲大自然的旋律,真是人生莫大的快乐与享受。

弥勒温泉

弥勒地热资源丰富,尤以小芹田温泉、梅花温泉、小寨温泉,还有湖泉生态园温泉最有名。城东北的小芹田温泉,城西边的梅花温泉,城南面的小寨温泉远近闻名。芹田温泉又名热水塘温泉,古称步阙温泉,距弥勒县城13公里。温泉四周青山环抱,滚滚沸水自岩缝喷涌而出,冬晨水汽蒸腾,云烟弥漫,状似仙境。梅花温泉古称碧玉温泉,后以县城西梅花寨得名。泉址处建有火龙宫,远近沐浴者川流不息。在民间,小芹田温泉与梅花温泉合称"鸳鸯泉"。小寨温泉位于朋普小寨村,古称翠微温泉。小寨村自明洪武年间有回民居住以来,至今有600多年的历史。回民日常生活讲究洁净，四大节日均要斋戒沐浴。他们引泉建起男女两个洗涤沐浴池，每日劳动归来都去沐浴。回民们称小寨温泉为吉祥之泉、养生之泉、圣洁之泉、温馨之泉。

湖泉生态园温泉酒店是按准五星建的，但温泉很平民化，价格不高，条件也不错。这里大大小小有 10 多个天然温泉，而且遍布在山脚、山腰、山顶，有些敞开在露天下面，有些躲藏在茂密的灌木丛里，有些则依在大榕树下，每个人可以根据自己的喜好选择一个地方下水，是个休闲放松的好去处。除了泡温泉，还可以享受浴足、按摩、美容、美食等。

（2）选定标题文字"安宁温泉"，在"开始"功能区中的"样式"分组中选择"标题 1"。用同样的步骤，把标题文字 "腾冲热海"、"玉溪映月潭"、"华宁象鼻温泉"、"大理洱源温泉"、"弥勒温泉"都设置成"标题 1"。

（3）将插入点定位在标题文字"安宁温泉"的前面，"引用"→"目录"→"自动目录 1"。将文字"目录"设置成"居中"，将 6 行内容设置成"3 倍行距"。

（4）将插入点定位在"目录"内容结束后的空行中，"页面布局"→"分隔符"→"分节符/下一页"，把温泉内容分到下一节（下一页）中。将插入点定位在"安宁温泉"页的最后一行，"插入"→"分页"，把下一个温泉内容分到下一页。用同样的步骤，把"腾冲热海"、"玉溪映月潭"、"华宁象鼻温泉"、"大理洱源温泉"的末尾都设置 "分页"。

（5）"插入"→"页码"→"页面底端"→"普通数字 2"，给文档加上页码。

（6）双击"安宁温泉"页的页脚，单击"页眉和页脚工具"中的"链接到前一条页眉"按钮，如图 4-22 所示。再单击"页码"按钮，选择"设置页码格式"，在"页码格式"对话框中把"起始页码"设置为"1"，如图 4-23 所示。

图 4-22　"链接到前一条页眉"按钮

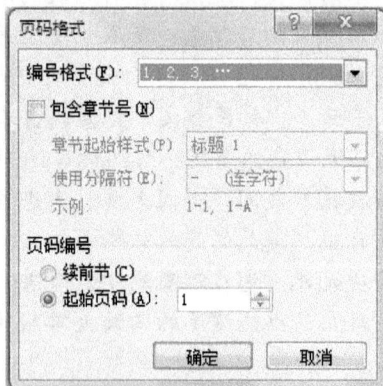

图 4-23　设置起始页码

（7）双击"目录"页的页脚，把页码"1"删除。

（8）单击"目录"区域，"更新目录"→"只更新页码"→"确定"。

5．制作页眉。

（1）"页面布局"→"页边距"→"自定义边距"，在"页面设置"对话框中，把"版式"选项卡中的"奇偶页不同"复选框选中，单击"确定"按钮。

（2）在"奇数页页眉"处输入"著名温泉"并设置成"左对齐"，在"偶数页页眉"处输入"美景美浴"并设置成"右对齐"。

（3）双击"安宁温泉"页的页眉，单击"页眉和页脚工具"中的"链接到前一条页眉"按钮。双击"目录"页的页眉，把"目录"页的页眉"著名温泉"删除。

6．制作手册的第 1 页（安宁温泉）。

（1）选定全部文字，把文字字号设置成"小四"。

（2）选定第 1 段的首字"天"→"插入"→"首字下沉"→"首字下沉选项"，在"首字下沉"对话框中设置"字体：隶书，下沉行数：2，距正文：0.5 厘米"。选定首字"天"，"开始"→"字号"→选择"36"→按【Enter】键。

（3）插入图片并进行文字环绕设置。

① 将光标定位在全部段落的下一行，"插入"→"图片"，插入相应的图片。

② 选定一张图片，"图片工具" →"格式"→"位置"→"其他布局选项"→"文字环绕"→ "四周型"→"确定"。

③ 移动每一张图片到合适的位置。

7．制作手册的第 2～6 页。

按照"6．制作手册的第 1 页（安宁温泉）"的步骤依次制作手册的第 2～6 页。

8．背景设置。

"页面布局"→"页面颜色"→"填充效果"→"纹理"→选择"水滴"纹理→"确定"，设置全部页面背景为水滴图案。

练习题

第 1 套

1. 在考生文件夹下，打开文档 WORD1.docx，按照要求完成下列操作并以该文件名（WORD1.docx）保存文档。

【文档开始】

我国实行渔业污染调查鉴定资格制度

农业部今天向获得《渔业污染事故调查鉴定资格证书》的单位和《渔业污染事故调查鉴定上岗证》的个人颁发了证书。这标志着我国渔业污染事故的鉴定调查工作走上了科学和规范化的轨道。

据了解，这次全国共有 41 个单位和 440 名技术人员分别获得了此类证书。

农业部副部长齐景发表示，这项制度的实施，为及时查处渔业污染事故提供了技术保障，为法院依法调解、审判和渔业部门及时处理渔业污染事故提供有效的科学依据，为广大渔民在发生渔业污染事故时及时找到鉴定单位、获得污染事故的损失鉴定和掌握第一手证据提供了保障，也为排污单位防治污染、科学合理地估算损失结果提供了科学、公正、合理的技术途径。

【文档结束】

（1）将标题段文字（"我国实行渔业污染调查鉴定资格制度"）设置为三号、黑体、红色、加粗、居中并添加蓝色方框，段后间距设置为 1 行。

（2）将正文各段文字（"农业部今天向……技术途径。"）设置为四号、仿宋，首行缩进 2

字符，行距为 1.5 倍行距。

（3）将正文第三段（"农业部副部长……技术途径。"）分为等宽的两栏。

2．在考生文件夹下，打开文档 WORD2.docx，按照要求完成下列操作并以该文件名（WORD2.docx）保存文档。

【文档开始】

姓名	职称	职务	单位	电话号码	E-mail
李小可	副教授	主任	应用科学	010-82314400	xkli@bj163.com
许伟	工程师	车间主任	变压器工厂	021-62310987	xuwei@hotmail.com

【文档结束】

（1）删除表格的第 3 列（"职务"），在表格最后一行之下增添 3 个空行。

（2）设置表格列宽：第 1 列和第 2 列宽度为 2 厘米，第 3、4、5 列宽度为 3.2 厘米；将表格外部框线设置成蓝色、3 磅，表格内部框线设置为蓝色、1 磅；第一行加浅蓝底纹。

第 2 套

1．在考生文件夹下，打开文档 WORD1.docx，按照要求完成下列操作并以该文件名（WORD1.docx）保存文档。

【文档开始】

信息安全影响我国进入电子社会。

随着网络经济和网络社会时代的到来，我国的军事、经济、社会、文化各方面都越来越依赖于网络。与此同时，电脑网络上出现利用网络盗用他人账号上网，窃取科技、经济情报进行经济犯罪等电子攻击现象。

今年春天，我国有人利用新闻组中查到的普通技术手段，轻而易举地从多个商业站点窃取到 8 万个信用卡号和密码，并标价 26 万元出售。

同传统的金融管理方式相比，金融电子化如同金库建在电脑里，把钞票存在数据库里，资金流动在电脑网络里，金融电脑系统已经成为犯罪活动的新目标。

据有关资料，美国金融界每年由于电脑犯罪造成的经济损失近百亿美元。我国金融系统发生的电脑犯罪也逐年上升趋势。近年来最大一起犯罪案件造成的经济损失高达人民币 2100 万元。

【文档结束】

（1）将文中所有"电脑"替换为"计算机"；将标题段文字（"信息安全影响我国进入电子社会"）设置为三号、黑体、红色、倾斜、居中，并添加蓝色底纹。

（2）将正文各段文字（"随着网络经济……高达人民币 2100 万元。"）设置为五号、楷体；各段落左、右各缩进 0.5 字符，首行缩进 2 字符，1.5 倍行距，段前间距 0.5 行。

（3）将正文第三段（"同传统的金融管理方式相比，……新目标。"）分为等宽的两栏，栏宽 18 字符；给正文第四段（"据有关资料，……2100 万元。"）添加项目符号■。

2．考生文件夹下，打开文档 WORD2.docx，按照要求完成下列操作并以该文件名（WORD2.docx）保存文档。

【文档开始】

3902 班成绩表

姓名	计算机基础	高等数学	物理	平均成绩
魏延廷	64	50	53	
杜庆生	80	78	85	
周京生	76	86	91	
万里	70	40	62	

【文档结束】

（1）将表格上端的标题文字设置成三号、仿宋、加粗、居中；计算表格中各学生的平均成绩。

（2）将表格中的文字设置成小四号、宋体，对齐方式为水平居中；数字设置成小四号、Times New Roman、加粗，对齐方式为中部右对齐；小于 60 分的平均成绩用红色表示。

第 3 套

在考生文件夹下，打开文档 WORD1.docx，按照要求完成下列操作并以该文件名（WORD1.docx）保存文档。

【文档开始】

为什么成年男女的声调不一样?

大家都知道，女人的声调一般比男人的"尖、高"。可是，为什么会这样呢？人的解剖结构告诉我们，男人和女人的声音之所以会有影射上的差别，是因为女人的发音器官一般比男人的小。

科学家们发现，由于性别不同造成的发育差异，女人的喉器一般比男人的小，声带也比男人短而细。

不论什么乐器，凡是起共鸣的部分体积比较大，发出的声音影射总比较沉厚，体积比较小，影射总比较尖、高。

既然一般女人的喉器比男人的小许多，声带又比男人的短三分之一，那么，声音的影射自然会比男人的尖、高。

测量喉器和声带的平均记录

性别	喉器长度	喉器宽度	声带长度
男	44 毫米	43 毫米	17 毫米
女	36 毫米	41 毫米	12 毫米

【文档结束】

（1）将文中所有错词"影射"替换为"音色"。

（2）将标题段文字（"为什么成年男女的声调不一样?"）设置为三号、黑体、加粗、居中，并添加蓝色阴影边框（边框的线型和线宽使用缺省设置）。

（3）正文文字（"大家都知道，……比男人的尖高。"）设置为小四号、宋体，各段落左、右各缩进 1.5 字符，首行缩进 2 字符，段前间距 1 行。

（4）将表格标题（"测量喉器和声带的平均记录"）设置为小四号、黑体、蓝色、下划线、居中。

（5）将文中最后 3 行文字转换成一个 3 行 4 列的表格，表格居中，列宽 3 厘米，表格中的文字设置为五号、仿宋，所有内容对齐方式为水平居中。

第 4 套

在考生文件夹下 WORD1.docx，按照要求完成下列操作并以该文件名（WORD1.docx）保存文档。

【文档开始】

中报显示多数集锦上半年亏损

截至昨晚 10 点，深沪两市共有 31 只封闭式集锦通过网上公布了它们的半年报。其中深市 16 只，沪市 15 只。它们的主要财务指标显示，上半年它们绝大多数都是亏损的。

在单位集锦本期净收益这一指标中，集锦开元、普惠、景宏、裕隆、天元、裕华、景博、普丰、隆元、裕泽、景福、科翔、普华、普润、兴和、汉鼎、景业、兴安、科汇、汉盛、汉兴、科讯、汉博、金元、裕阳、兴华、景阳等 27 只都是负值，只有科瑞、兴科、兴业、裕元等 4 只是正值。

另外，还有集锦普惠、景宏、裕隆、天元、裕华、景博、普丰、裕泽、景福、隆元、科翔、普华、兴和、汉鼎、兴安、科汇、汉盛、汉兴、科讯、汉博、金元、裕阳、兴华、景阳、景业、裕元、普润等 27 只集锦资产净值收益率为负值。

在 31 只封闭式集锦中，有集锦景宏、裕泽、隆元、普华、兴安、汉盛、金元、汉兴、景业、普润、汉鼎、兴业、汉博等 13 只集锦的单位集锦资产净值跌到了面值以下。

集锦净值排行榜（截止时间：2002－8－30）

集锦代码	集锦名称	调后净值
500009	集锦安顺	1.0715
500008	集锦兴华	1.0613
500013	集锦安瑞	1.0612
500018	集锦兴和	1.0493
184688	集锦开元	1.0456

【文档结束】

（1）将文中所有措辞"集锦"替换为"基金"。

（2）将标题段（"中报显示多数基金上半年亏损"）文字设置为浅蓝色小三号、仿宋、居中、加绿色底纹。"）

（3）设置正文各段落（"截至昨晚 10 点……面值以下。"）左、右各缩进 1.5 字符，段前间距 0.5 行，行距为 1.1 倍行距；设置正文第一段（"截至昨晚 10 点……都是亏损的。"）首字下沉 2 行（距正文 0.1 厘米）。

（4）将文中后 6 行文字转换成一个 6 行 3 列的表格；并依据"基金代码"列按"数字"类型升序排列表格内容。

（5）设置表格列宽为 2.2 厘米、表格居中；设置表格外框线及第 1 行的下框线为红色、3 磅、单实线、表格其余框线为红色"1 磅"单实线。

第 5 套

在考生文件夹下 WORD1.docx，按照要求完成下列操作，并以该文件名（WORD1.docx）保存文档。

【文档开始】

硬盘的发展突破了多次容量限制

容量恐怕是最能体现硬盘发展速度的了，从当初 IBM 发布世界上第一款 5MB 容量的硬盘到现在，硬盘的容量已经达到了上百 GB。

硬盘容量的增加主要通过增加单碟容量和增加盘片数来实现。单碟容量就是硬盘体内每张盘片的最大容量，每块硬盘内部有若干张碟片，所有碟片的容量之和就是硬盘的总容量。

单碟容量的增长可以带来三个好处。

硬盘容量的提高。由于硬盘盘体内一般只能容纳 4 到 5 张碟片，所以硬盘总容量的增长只能通过增加单碟容量来实现。

传输速度的增加，因为盘片的表面积是一定的，那么只有增加单位面积内数据的存储密度。这样一来，磁头在通过相同的距离时就能读取更多的数据，对于连续存储的数据来说，性能提升非常明显；

成本下降。举例来讲，同样是 40GB 的硬盘，若单碟容量为 10GB，那么需要 4 张盘片和 8 个磁头，要是单碟容量上升为 20GB，那么需要 2 张盘片和 4 个磁头，对于单碟容量达 40GB 的硬盘来说，只要 1 张盘片和 2 个磁头就够了，能够节约很多成本。

目前硬盘单碟容量正在飞速增加，但硬盘的总容量增长速度却没有这么快，这正是增加单碟容量并减少盘片数的结果，出于成本和价格两方面的考虑，2 张盘片是个比较理想的平衡点。

各个时代硬盘容量的限制一览表

操作系统时代	微机配置限制	容量限制
DOS 时代	早期 PC/XT 限制	10MB
	FAT12 文件分配表限制	16MB
	DOS 3.x 限制	32MB
	DOS 4.x 限制	128MB
	DOS 5.x，早期 ATA BIOS 限制	528MB
Win3.x/Win95A	FAT16 文件分配表限制	2.1GB
	CMOS 扩展 CHS 地址限制	4.2GB
Win95A(OSR2)Win98	BIOS/int13 24bit 地址限制	8.4GB
	BIOS 限制	32GB
Win Me/Win2000	28bit CHS 限制	137GB

【文档结束】

（1）为文中所有"容量"一词添加下划线。

（2）将标题段文字（"硬盘的发展突破了多次容量限制"）设置为 16 磅、深蓝色、黑体、加粗、居中、字符间距加宽 1 磅，并添加黄色底纹。

（3）设置正文各段落（"容量恐怕是……比较理想的平衡点。"）首行缩进 2 字符、行距为 1.2 倍行距、段前间距 0.8 行；为正文第四至第六段（"硬盘容量的提高……能够节约很多成本。"）添加项目符号"◆"。

（4）将文中最后 11 行文字转换成一个 11 行 3 列的表格；分别将第 1 列的第 2 至第 6 行单元格、第 7 至第 8 行单元格、第 9 至第 10 行单元格加以合并。

（5）设置表格居中、表格第 1 和第 2 列列宽为 4.5 厘米、第 3 列列宽为 2 厘米；并将表格中所有文字设置为中部居中；设置表格所有框线为 1 磅、蓝色、单实线。

第 6 套

在考生文件夹下，打开文档 WORD1.docx，按照要求完成下列操作，并以该文件名（WORD1.docx）保存文档。

【文档开始】

认识 AGP 8X

要想深入认识 AGP 8X，让我们先来说说 AGP 总线这个话题吧。

我们知道最初的显示设备是采用 PCI 总线接口的，工作频率为 33MHz，数据模式为 32bit，传输贷款为 133MB/s。随着 AGP 1.0 规范的推出，AGP 1X 和 2X 显示设备逐渐成为主流。

AGP 1X 的工作频率达到了 PCI 总线的两倍——66MHz，传输贷款理论上可达到 266MB/s。

AGP 2X 工作频率同样为 66MHz，但是它使用了正负沿（一个时钟周期的上升沿和下降沿）触发的工作方式，使一个工作周期先后被触发两次，从而达到了传输贷款加倍的目的。由于触发信号的工作频率为 133MHz，这样 AGP 2X 的传输贷款就达到了 532MB/s。

AGP 4X 仍使用了这种信号触发方式，只是利用两个触发信号在每个时钟周期的下降沿分别引起两次触发，从而达到了在一个时钟周期中触发 4 次的目的，这样在理论上它就可以达到 1064MB/s 的贷款了。

在 AGP 8X 规范中，这种触发模式仍将使用，只是触发信号的工作频率将变成 266MHz，两个信号触发点也变成了每个时钟周期的上升沿，单信号触发次数为 4 次，这样它在一个时钟周期所能传输的数据就从 AGP4X 的 4 倍变成了 8 倍，理论传输贷款将可达到 2 128MB/s。

各类 AGP 总线技术参数对比表

性能参数	AGP1.0	AGP2.0	AGP3.0	PCI 视频总线
	AGP1X	AGP2X	(AGP4X)	(AGP8X)
总线速度	66MHz 133MHz	266MHz	533MHz	33MHz
数据传输位宽	32bit 32bit	32bit	32bit	32bit
传输带宽	266MB/s 533MB/s	1064MB/s	2128MB/s	133MB/s
工作电压	3.3V 3.3V	1.6V	0.8V	x
触发信号频率	66MHz 66MHz	133MHz	266MHz	x

【文档结束】

（1）将文中所有错词"贷款"替换为"带宽"。

（2）将标题段文字（"认识 AGP 8X"）设备为 18 磅蓝色、仿宋 （西文使用中文字体）、加粗、居中、加双下划线，字符间距加宽 3 磅。

（3）设置正文各段（"要想深入……可达到 2 128MB/s。"）首行缩进 2 字符，左、右各缩进

1.2 字符，段前间距 0.7 行。

（4）将文中最后 7 行文字转换成一个 7 行 6 列的表格；设置表格第 1 列和第 6 列列宽为 3 厘米、其余各列列宽为 1.7 厘米、表格居中；将表格第 1 行、第 2 行的第 1 列单元格合并，将表格第 1 行第 2 列和第 3 列的单元格合并，将表格第 1 行、第 2 行的第 6 列单元格合并。

（5）设置表格所有文字中部居中；表格外框线设置为 3 磅、红色、单实线。内框线设置为 1 磅、蓝色、单实线。

第 7 套

对考生文件夹下 WORD. docx 文档中的文字进行编辑、排版和保存，具体要求如下。

【文档开始】

木星及其卫星

木星是太阳系中的第五颗行星，也是最大的一个，丘比特星的重量比太阳系中所有行星的总质量和大两倍以上。它是地球的 318 倍，它距离太阳的轨道长 778 330 000 公里，半径 142 984 公里，质量 1.9×1 027 公斤。

木星是天空中的第四亮的行星，仅次于太阳、月亮及金星。它早在史前时代就为人所知了。一直到了 1973 年，航天飞机 Pioneer 10 成为史上第一个到达木星的航天飞机，之后 Pioneer 11、Voyager1、Voyager2 和 Ulysses 也陆续到达了，现在我们才能有这么多有关木星的信息。

木星是一颗气态的行星，它没有液态的表面，而我们平常看到的只是它表面的云层。木星大约是由 90% 的氢及 10% 的氦所组成，上面还有甲烷、水、氨及石头的迹象。它这样子的组成构造和太阳星云（Solar Nebula）很相似（太阳星云是组成我们整个太阳系的原始物体），而土星的构造也有着相似的情形。

再来说说木星的卫星，目前为止，我们已知道的卫星数有 16 颗，下面是这些卫星的简介。

卫星	与木星的距离（km）	半径（km）	质量（kg）
Metis	128	20	9.56×10^{16}
Adrastea	129	10	1.91×10^{16}
Amalthea	181	98	7.17×10^{18}
Thebe	222	50	7.77×10^{17}
Io	422	1 815	8.94×10^{22}
Europa	671	1 569	4.80×10^{22}
Ganymede	1 070	2 631	1.48×10^{23}
Callisto	1 883	2 400	1.08×10^{23}
Leda	11 094	8	5.68×10^{15}
Himalia	11 480	93	9.56×10^{18}
Lysithea	11 720	18	7.77×10^{16}
Elara	11 737	38	7.77×10^{17}
Ananke	21 200	15	3.82×10^{16}
Carme	22 600	20	9.56×10^{16}
Pasiphae	23 500	25	1.91×10^{17}
Sinope	23 700	18	7.77×10^{16}

【文档结束】

（1）设置页面上、下边距各为 3 厘米。

（2）将标题段文字（"木星及其卫星"）设置为 18 磅、楷体、居中，字符间距加宽 6 磅。

（3）设置正文各段（"木星是太阳系中……简介："）段前间距为 0.5 行，设置正文第一段（"木星是太阳系中……公斤。"）首字下沉 2 行（距正文 0.1 厘米），将正文第一段末尾处"1 027 公斤"中的"27"设置为上标形式。

（4）将文中后 17 行文字转换成一个 17 行 4 列的表格；设置表格居中、表格中所有文字水平居中、表格列宽为 3 厘米，设置所有表格框线为 1 磅、蓝色、单实线。

（5）依据"半径（km）"列按"数字"类型升序排列表格内容。

第 8 套

对考生文件夹下 WORD.docx 文档中的文字进行编辑、排版和保存，具体要求如下。

【文档开始】

第二代计算机网络——多个计算机互联的网络

20 世纪 60 年代末出现了多个计算机互联的计算机网络，这种网络将分散在不同地点的计算机经通信线路互联。它由通信子网和资源子网（第一代网络）组成，主机之间没有主从关系，网络中的多个用户通过终端不仅可以共享本主机上的软、硬件资源，还可以共享通信子网中其他主机上的软、硬件资源，故这种计算机网络也称共享系统资源的计算机网络。

第二代计算机网络的典型代表是 20 世纪 60 年代美国国防部高级研究计划局的网络 ARPANET(Advanced Research Project Agency Network)。面向终端的计算机网络的特点是网络上用户只能共享一台主机中的软件、硬件资源，而多个计算机互联的计算机网络上的用户可以共享整个资源子网上所有的软件、硬件资源。

某公司某年度业绩统计表

	第一季	第二季	第三季	第四季	全年合计
部门A	12 000	6 000	8 000	15 000	41 000
部门B	20 000	7 000	8 500	13 000	48 500
部门C	10 000	8 000	7 600	12 000	37 600
部门D	14 000	7 500	7 700	13 500	42 700
季度总计					

【文档结束】

（1）将标题段（"第二代计算机网络--多个计算机互联的网络"）文字设置为三号、楷体、红色、加粗、居中，并添加蓝色底纹。将表格标题段（"某公司某年度业绩统计表"）文字设置为小三号、加粗、下划线。

（2）将正文各段落（"20 世纪 60 年代末……硬件资源。"）中的西文文字设置为小四号、Times New Roman ，中文文字设置为小四号、仿宋体；各段落首行缩进 2 字符、段前间距 0.5 行。在"某公司某年度业绩统计表"前进行段前分页。

（3）设置正文第二段（"第二代计算机网络的典型代表……硬件资源。"）行距为 1.3 倍，首字下沉 2 行；在页面底端（页脚）居中位置插入页码（首页显示页码），将正文第一段（"20 世纪 60 年代末……计算机网络。"）分成等宽的三栏。

（4）计算 "季度总计" 行的值；以 "全年合计" 列为排序依据（主要关键字）、以 "数字" 类型降序排序表格（除 "季度总计" 行外）。

（5）设置表格居中，表格第一列宽为 2.5 厘米；设置表格所有内框线为 1 磅、蓝色、单实线，表格所有外框线为 3 磅、黑色、单实线，为第一个单元格（第一行、第一列）画斜下框线（1 磅、蓝色、单实线）。

第 9 套

对考生文件夹下 WORD.DOCX 文档中的文字进行编辑、排版和保存，具体要求如下。

【文档开始】

蛙泳

蛙泳是一种模仿青蛙游泳动作的一种游泳姿势，也是最古老的一种泳姿，早在 2 000 ~ 4 000 年前，在中国、罗马、埃及就有类似这种姿势的游泳。

18 世纪中期，在欧洲，蛙泳被称为 "青蛙泳"。

由于蛙泳的速度比较慢，在 20 世纪初期的自由泳比赛中（不规定姿势的自由游泳），蛙泳不如其他姿势快，使得蛙泳技术受到排挤。在当时的游泳比赛中，一度没有人愿意采用蛙泳技术参加比赛，随后国际泳联规定了泳姿，蛙泳技术才得以发展。

蛙泳的技术环节分为：蛙泳身体姿势、蛙泳腿部技术、蛙泳手臂技术、蛙泳配合技术。

蛙泳世界纪录一览表

项目	世界纪录	创造纪录日期	创造纪录地点
男子 50 米	27.18	2002 年 8 月 2 日	柏林
男子 100 米	59.30	2004 年 7 月 8 日	加利福尼亚
男子 200 米	2:09.04	2004 年 7 月 8 日	加利福尼亚
女子 50 米	30.57	2002 年 7 月 30 日	曼彻斯特
女子 100 米	1:06.37	2003 年 7 月 21 日	巴塞罗那
女子 200 米	2:22.99	2001 年 4 月 13 日	杭州

【文档结束】

（1）将标题段文字（"蛙泳"）设置为二号、红色、黑体、加粗、字符间距加宽 20 磅、段后间距 0.5 行。

（2）设置正文各段落（蛙泳是一种……蛙泳配合技术。）左右各缩进 1.5 字符，行距为 18 磅。

（3）在页面底端（页脚）居中位置插入大写罗马数字页码，起始页码设置为 "IV"。

（4）将文中后 7 行文字转换成一个 7 行 4 列的表格，设置表格居中，并以 "根据内容自动调整表格" 选项自动调整表格，设置表格所有文字水平居中。

（5）设置表格外框线为 3 磅、蓝色、单实线，内框线为 1 磅、蓝色、单实线；设置表格第一行为黄色底纹；设置表格所有单元格上、下边距各为 0.1 厘米。

第 10 套

在考生文件夹下打开文档 WORD.docx，按照要求完成下列操作并以该文件名（WORD.docx）保存文档。

【文档开始】

黄河将进行第 7 次调水调沙

新华网济南 6 月 17 日电 黄河本年度调水调沙将于 6 月 19 日进行，这将是自 2002 年以来黄河进行的第 7 次调水调沙。

据山东省黄河河务部门介绍，本次调水调沙历时约 12 天，比去年延长 2 天。花园口站及以下各主要控制站最大流量约每秒 3 900 立方米。此次调水调沙流量大、持续时间长、水流冲刷力强，对黄河防洪工程和滩区安全都是一次考验。

山东黄河河务局根据黄河防总要求，对调水调沙工作进行了全面部署。

黄河调水调沙就是通过水库进行人为控制，以水沙相协调的关系，对下游河道进行冲刷，最终减少下游河道淤积。自 2002 年开始的调水调沙，使黄河下游过流能力由不足每秒 2 000 立方米，提高到每秒 3 500 立方米以上。

黄河历次调水调沙泥沙入海量统计

年份	泥沙入海量（万吨）
2 002	6 640
2 003	12 070
2 004	6 071
2 005	12 000
2 006	6 011
2 007	4 400

【文档结束】

（1）将标题段（"黄河将进行第 7 次调水调沙"）文字设置为小二号、蓝色、黑体，并添加红色双波浪线。

（2）将正文各段落（"新华网济南……3500 立方米以上。"）文字设置为五号、宋体，行距设置为 18 磅；设置正文第一段（"新华网济南……第 7 次调水调沙。"）首字下沉 2 行（距正文 0.2 厘米），其余各段落首行缩进 2 字符。

（3）在页面底端（页脚）居中位置插入页码，并设置起始页码为"Ⅲ"。

（4）将文中后 7 行文字转换为一个 7 行 2 列的表格；设置表格居中，表格列宽为 4 厘米，行高 0.6 厘米，表格中所有文字中部居中。

（5）设置表格所有框线为 1 磅、蓝色、单实线；在表格最后添加一行，并在"年份"列键入"总计"，在"泥沙入海量（万吨）"列计算各年份的泥沙入海量总和。

第五章
演示文稿制作软件
PowerPoint 2010

实验一 制作"创造性思维"演示文稿

一、实验目的

生涩、难懂的抽象知识怎么使学习者或观众乐于接受并印象深刻？通过本实验，学生应掌握应用简单的技巧达到生动、明了的效果。这也是演示文稿创作过程中重点要把握的方法。

二、实验效果

"创造性思维"演示文稿实验效果如图 5-1 所示。

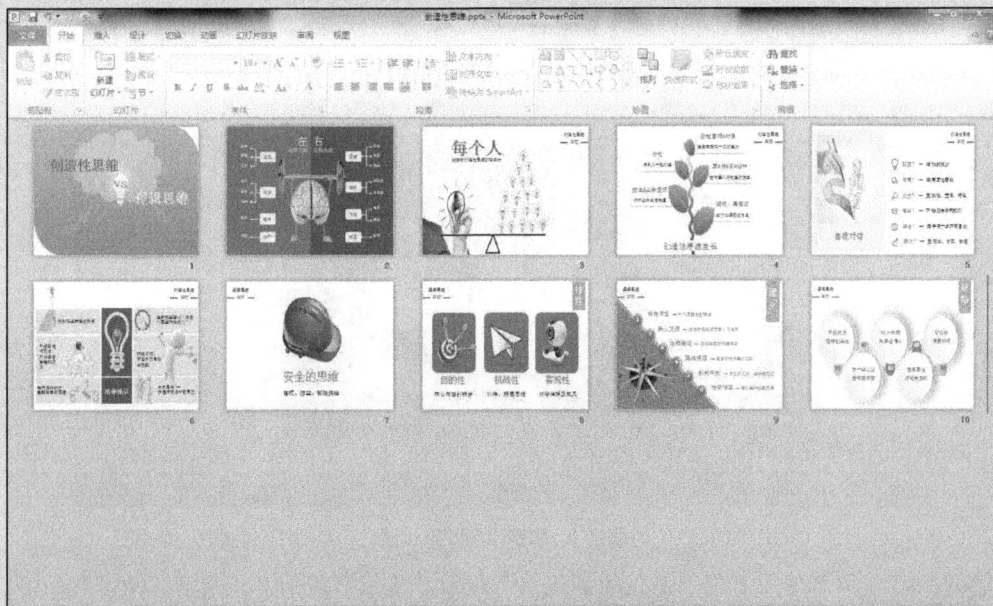

图 5-1 "创造性思维"演示文稿实验效果

三、实验内容

1. 新建演示文稿，插入第 1 张新幻灯片，插入图片和文字，为使各个对象之间的位置关系保持统一，按住【Shift】键的同时单击选中全部对象，右击选择"组合"（后续幻灯片设置与此相同），设置如图 5-2 所示。

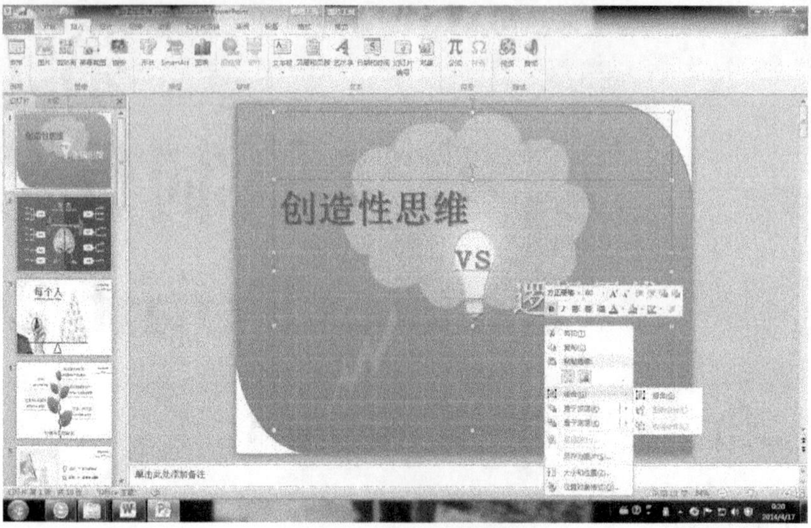

图 5-2　对象组合设置

2. 第 2 张幻灯片采用高对比度的红、蓝两色，增强视觉表现力，使得单调的文字更显生动；为进一步增强表现力，对幻灯片中的对象添加动画效果，如图 5-3 所示。

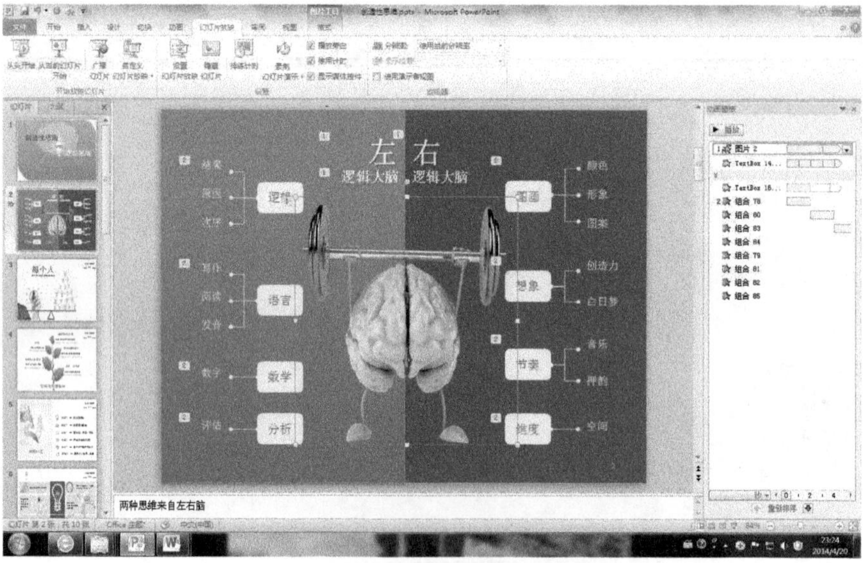

图 5-3　对象动画效果设置

选择"大脑"对象，添加"跷跷板"动画，效果设置为：单击时启动，重复至播放结束；"左""右"文字组合，选择"脉冲"动画，效果设置为：与上一动画同时，重复至播放结束；其他文字组合选择"盒状"动画，"中速 2 秒"设置为"上一个动画之后" 做完第一个后可用"动画刷"快速复制效果到其他文字。

3. 第 3 张幻灯片中为文字组合添加"浮入"动画，单击时启动，如图 5-4 所示。

图 5-4　文字组合添加动画

4. 第 4 张幻灯片添加小树的生长效果：首先选择全部组合对象，添加"擦除"动画，选择"自底部"、"非常慢"选项；然后在动画窗格中选择"小树"组合，选择"单击时"启动；最后将其余文字组合单独选择"与上一动画同时"，并在"计时"选项卡里选择延时"0.5 秒"，如图 5-5 及图 5-6 所示。

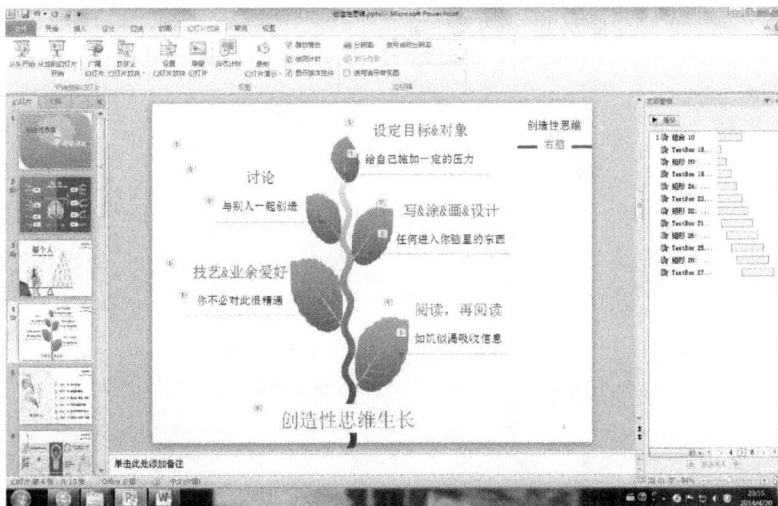

图 5-5　对象效果选项设置

图 5-6　对象延时效果选项设置

5. 第 5 张幻灯片中需单独设置每个文字组合对象为"飞入"动画，方向选择"左侧"，启动方式为"单击时"（使用"动画刷"功能）。

6. 第 9 张动画效果与第 5 张相同。

7. 第 10 张幻灯片中文字组合动画效果为 "淡出"，速度为"慢速"，启动方式为"单击时"。其他文字组合对象使用"动画刷"一次性设置。

8. 全部效果完成后，为演示文稿添加"淡出"切换效果，选择"全部应用"。最终完成效果参看《创造性思维.pptx》。

实验二　制作"保护眼睛"演示文稿

一、实验目的

本实验通过演示文稿直观、生动地向观众传递怎样合理地保护眼睛。与传统的表现方式不同，多媒体技术的应用，不在于资料的罗列和重复，而是通过精粹、提纲挈领的图文，配合演讲者将所需表述的内容给予观众更深的印象，使其更易于理解。"换一个视角，我们会怎么做"，这是本实验要表达的核心思路！

二、实验效果

"保护眼睛"演示文稿实验效果如图 5-7 所示。

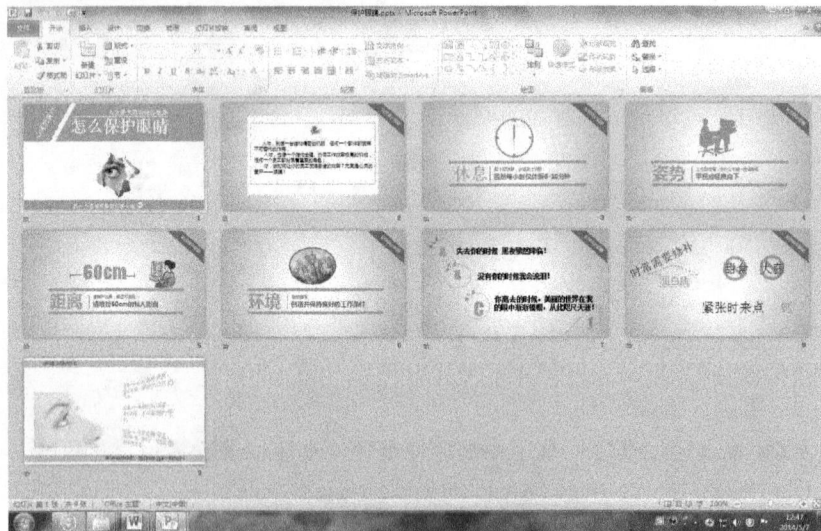

图 5-7　"保护眼睛"演示文稿实验效果

三、实验内容

1. 新建演示文稿，插入新幻灯片，单击"视图"，选择"幻灯片母版"，如图 5-8 所示。

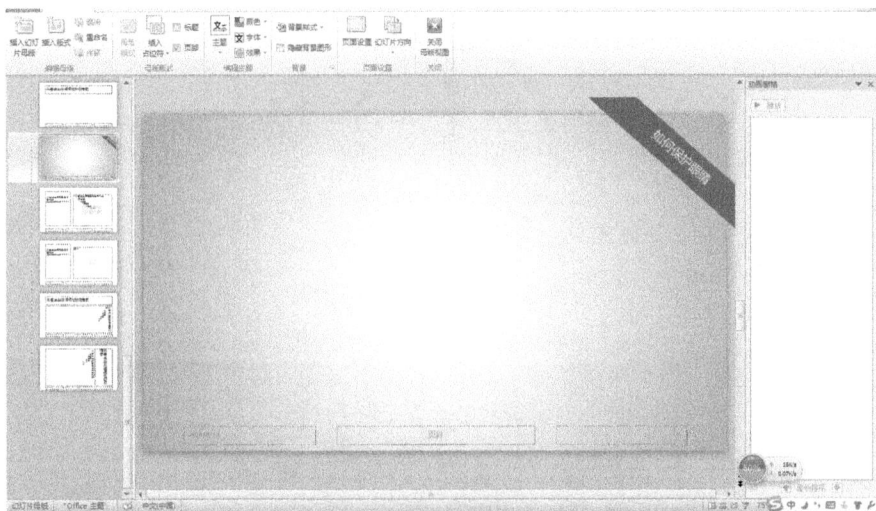

图 5-8　打开母版设置界面

2. 在母版中设置背景及修饰图形和文字，如图 5-9 所示。

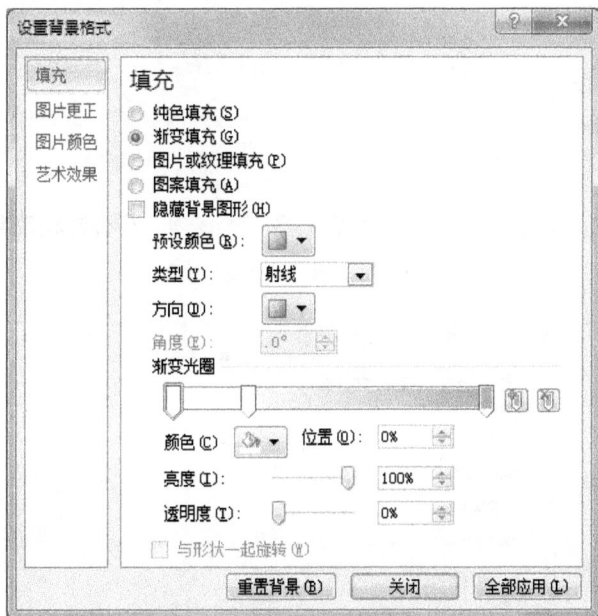

图 5-9　母版中对象的填充及色彩设置

3. 退出母版编辑，将第 1 张封面幻灯片背景修改为"纯色填充"，分别插入选定的图形并设置填充效果和文字效果，适当调整大小和位置。

4. 第 3 张幻灯片的时钟需添加一个动画效果。插入选定的图片，通过"自选图形"绘制钟面效果。为增强视觉效果，选中图形中的"时针"对象，单击"动画"，单击"添加动画"，选择"陀螺旋"效果并设置如图 5-10、图 5-11、图 5-12 所示的效果。

图 5-10　选择时钟线条

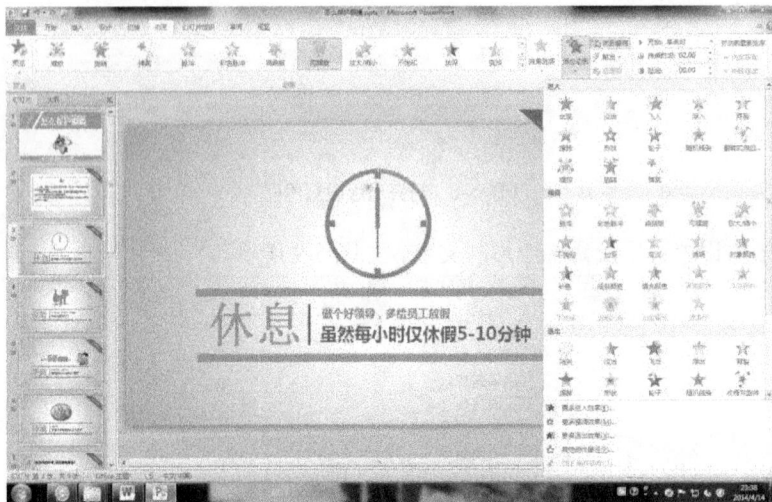

图 5-11　添加"陀螺旋"效果

图 5-12　设置效果选项

5. 为保持第 7 张幻灯片中的文字和图形的相对位置，需要选中对应的文字和图形，右击选择"组合"，将对象临时组合为一个整体，以方便调整；随后为每一个组合对象添加动画效果，选择"擦除"，方向为"自左侧"，动画触发方式为"单击时"；"维 B"和"维 C"组合的动画触发方式为"与上一动画同时"并延时"2 秒"，如图 5-13 和图 5-14 所示。

图 5-13　延时效果设置　　　　　　　　图 5-14　擦除效果

6. 第 9 张幻灯片中文本框对象需选择"形状效果"中的"预设 12"，如图 5-15 所示。

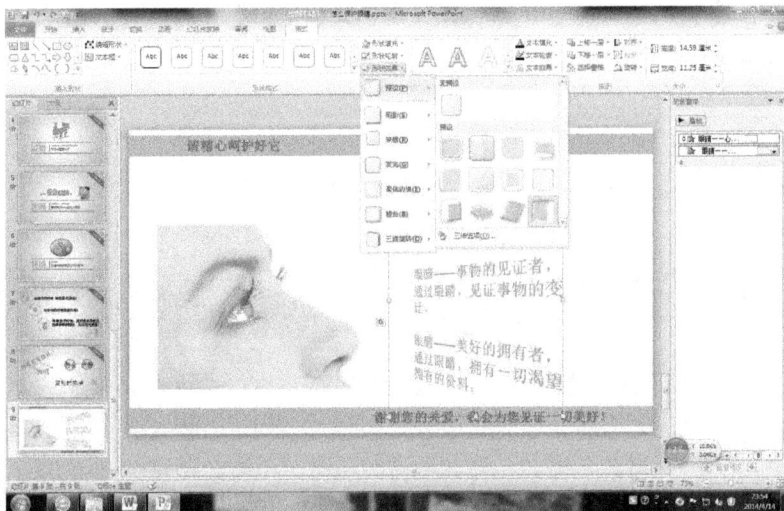

图 5-15　文本框对象的"形状效果"

然后添加动画效果为"随机线条"，方向为"水平"，设置如图 5-16 所示。

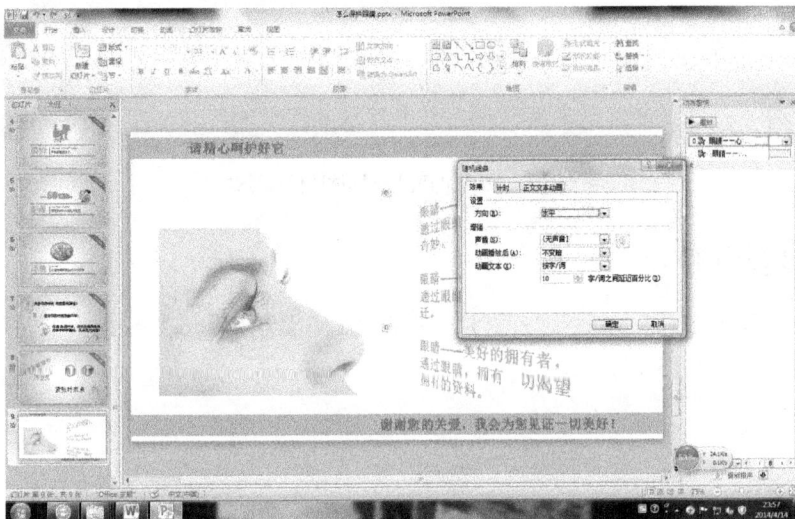

图 5-16　动画效果"随机线条"设置

7. 为演示文稿增加"切换"效果，选择"平移"，选择"全部应用"，最终完成效果参看《怎样保护眼睛.pptx》。

实验三　制作《故都的秋》多媒体课件

一、实验目的

课件是依托多媒体技术的教学辅助手段，它充分利用声、文、图、视频、动画等各类媒体的特点，在教学过程中充分调动学习者的各种感官参与学习，以提高教学质量和效率。如何制作符合教学要求的多媒体课件？本实验通过构建一篇教学演示文稿，使学习者基本掌握幻灯片内容之间的逻辑关系的构建，超级链接的使用以及多媒体对象的插入及设置。

二、实验效果

《故都的秋》多媒体课件实验效果如图 5-17 所示。

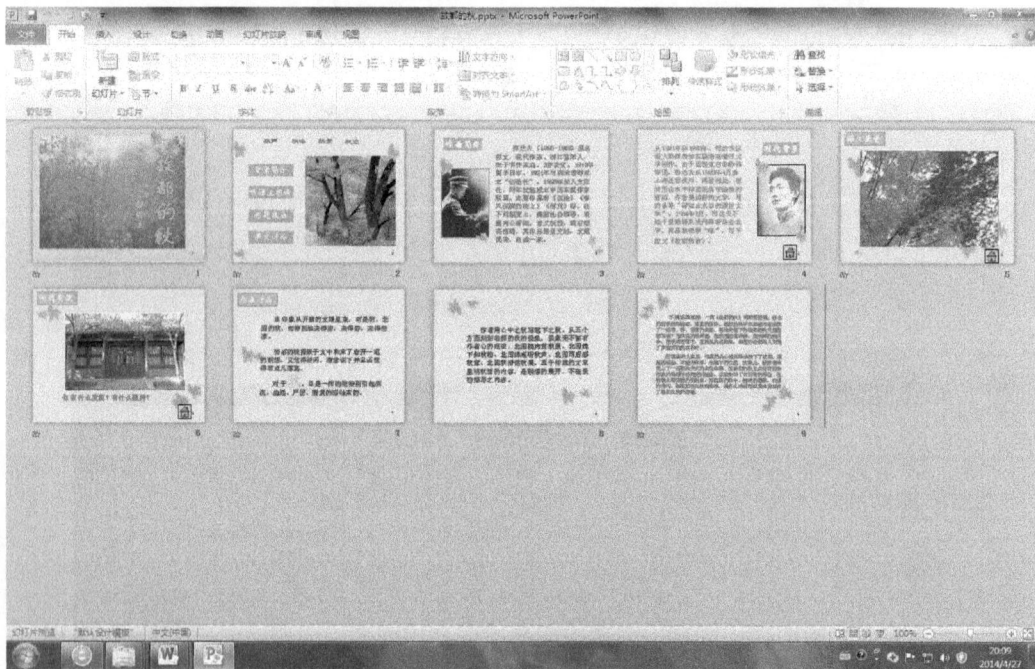

图 5-17　《故都的秋》多媒体课件实验效果

三、实验内容

1. 新建演示文稿，插入新标题幻灯片，选择"幻灯片母版"，选择"设置背景格式"， 设置背景填充效果，如图 5-18 所示。

图 5-18　第 1 张幻灯片母版设置

2.在标题幻灯片中输入文字并设置格式，并为"树叶"对象添加路径动画效果，如图 5-19 所示。

图 5-19　路径动画效果

3.在第 2 张幻灯片中添加"超链接"效果。首先利用自选图形绘制矩形对象，并设置"形状效果"为"外阴影"，添加文字及效果，如图 5-20 所示。

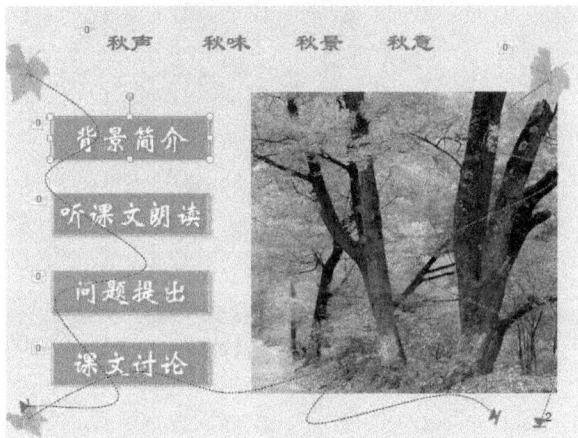

图 5-20　绘制图形并添加超链接

然后选择形状，右击或在"插入"菜单中选择"超链接"，如图5-21所示。

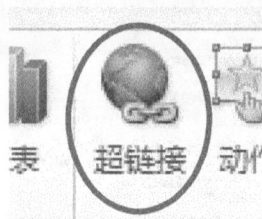

图 5-21　插入超链接

4. 在打开的"超链接"对话框中设置相应选项，如图 5-22 所示，其他矩形对象的设置方法同上。

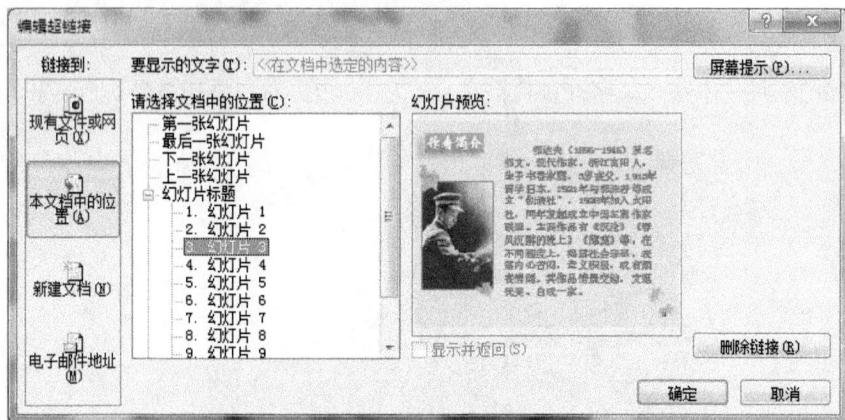

图 5-22　设置超链接指向

特别注意：超链接指向的目录与内容幻灯片必须正确对应，链接的目标幻灯片必须设置"返回"，以方便跳转回目录页。

5. 第 5 张幻灯片需插入一个声音对象，并设置为"单击时"播放（也可以通过"动画"设置里的"效果选项"设置声音播放的长度），如图 5-23、图 5-24 所示。

图 5-23　插入声音对象

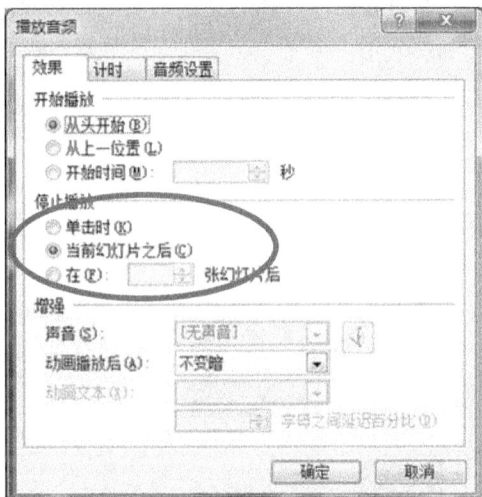

图 5-24　设置声音播放效果

　　另外，为了增强视觉效果，在同一位置插入 7 张图片，并设置"淡入"、"淡出"效果，触发方式为自动加延时。其他幻灯片简单设置对象动画，修饰部分文字效果，如图 5-25 所示。

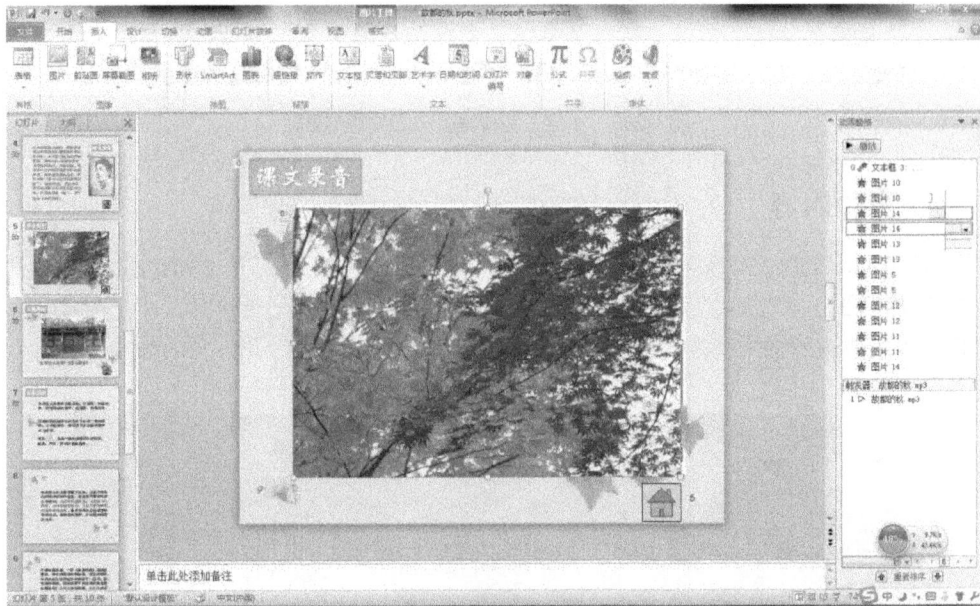

图 5-25　多幅图片动画效果

　　6. 幻灯片的切换可以根据需要设置为合适的方式。最后完成效果参看《故都的秋.pptx》。

实验四　制作"绿色"宣传类演示文稿

一、实验目的

　　本实验重点练习插入对象、选择对象以及设计多对象层叠动画的操作，并将整个演示文稿通过中心主线连贯在一起，实验过程中注意练习"动画窗格"和"选择窗格"的使用。为保证动画连贯效果，所有对象动画都采用"与上一动画同时"触发方式。

二、实验效果

"绿色"宣传类演示文稿实验效果如图 5-26 所示。

图 5-26　"绿色"宣传类演示文稿实验效果

三、实验内容

1. 新建演示文稿，插入第 1 张新幻灯片，设置背景填充效果，适当添加文字和图形。

2. 添加第 2 张空白幻灯片，利用"插入"菜单的"图片"功能，逐次插入 8 个图片文件（文字可以预先生成图片格式以方便设计动画），同时打开"动画窗格"和"选择窗格"，如图 5-27 所示。

图 5-27　插入选定的图片文件

3. 先调整好图片 3 和图片 5（序号以插入图片的的先后确定）的叠放次序和位置。图片插入后会产生图层相互遮盖的问题，导致选择困难，此时可利用"选择窗格"来确定图片或者临时性隐藏图片，如图 5-28 所示。

图 5-28　打开选择窗格

图 5-29　设置选定图片的动画效果

4. 利用"选择窗格"放置好所有图片的相对位置，单击"动画"菜单，选择图片（带手的图片），为其添加"飞入"效果，如图 5-29 所示。

5. 再选中图片 7（文字），添加"淡出"效果（进入效果），延时"0.5 秒"，如图 5-30 所示。

图 5-30　延时效果

6. 选择图片 6（矩形黑底），添加"淡出"效果（退出效果），如图 5-31 所示。

图 5-31　图片淡出效果

7. 再选择图片 4，添加"淡出"效果（退出效果），以产生空缺补齐视觉效果。

8. 选择图片 3（底层大图中的上一层图片），添加路径动画"向右"和退出效果"淡出"。设置方式如图 5-32、图 5-33、图 5-34 所示。

注意：同一个对象可添加多个动画效果，但必须每次动画选择一次该对象再添加！

图 5-32　选择图片

图 5-33　图片路径效果

图 5-34　图片淡出效果

　添加动画时注意"延时"设置，否则动画效果会一起出现，缺少了交错效果！

9. 选择图片 7，添加路径动画"向右"效果，延时"1 秒"；

10. 选择图片 5（底层大图中的下一层图片），添加路径动画"向左"效果，如图 5-35 所示。

图 5-35　图片路径动画

11. 所有路径动画注意路径长度要适当，以避免效果失真，如图 5-36 所示。

图 5-36　绘制适当路径

提示：其余幻灯片中的对象动画效果设置方法与上述内容类似。

12. 第 7 张幻灯片中"插入"视频；在视频下面绘制矩形，添加文字效果，然后选择形状并"添加动画"，效果设置为"单击时退出"。

13. 幻灯片的切换可以根据需要设置为合适的方式。最后完成效果参看《绿色.pptx》。

实验五　制作"简易物理实验"演示文稿

一、实验目的

本实验主要学习并掌握 PowerPoint 中基本动画的制作，并以此为基础衍生出更丰富的视觉效果。

二、实验效果

"简易物理实验"演示文稿实验效果如图 5-37 所示。

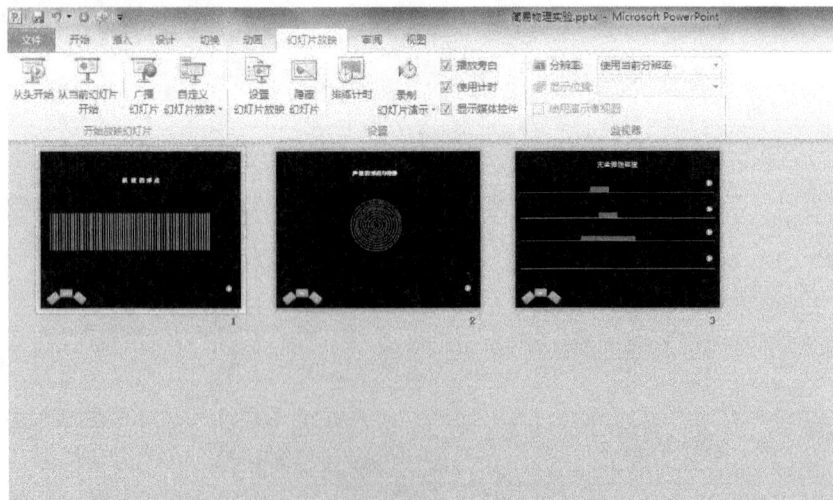

图 5-37　"简易物理实验"演示文稿实验效果

三、实验内容

1. 新建演示文稿，插入新空白幻灯片，选择"幻灯片母版"，设置背景填充效果，选择"设置背景格式"为纯色填充。然后选择"插入"，选择"SmartArt",选中"标签式拱形"图形，适当调整大小、位置，在 3 个子图形中分别输入"上一张"、"退出"、"下一张"，如图 5-38、图 5-39 所示。

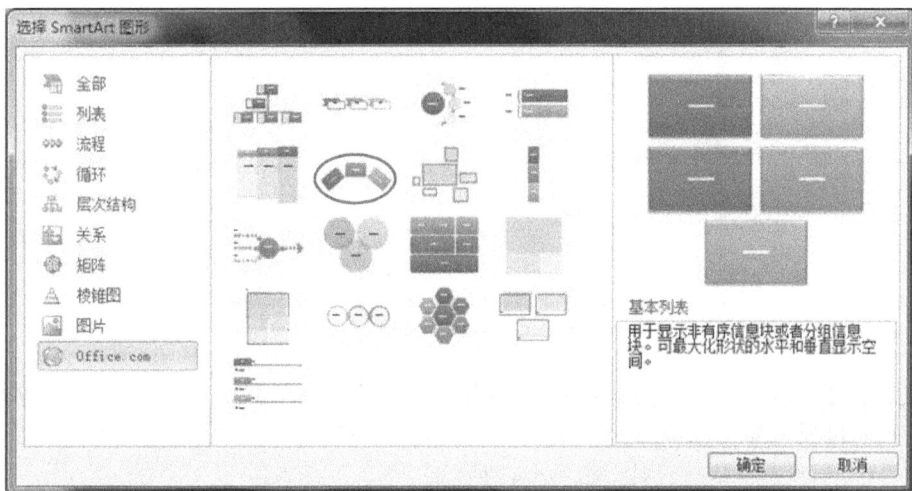

图 5-38　第一张幻灯片母版效果

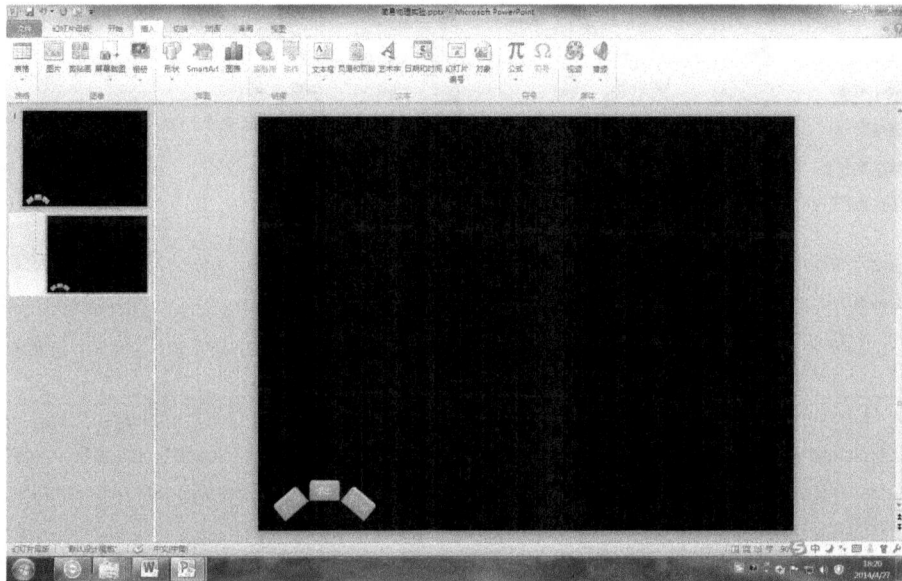

图 5-39　母版中插入图形

2. 不退出幻灯片母版编辑状态，选择"第一张"图形，选择"插入"，选择"动作"，打开"动作设置"对话框，选择"单击鼠标时的动作"中"超链接到"为"上一张幻灯片"，如图 5-40 所示。

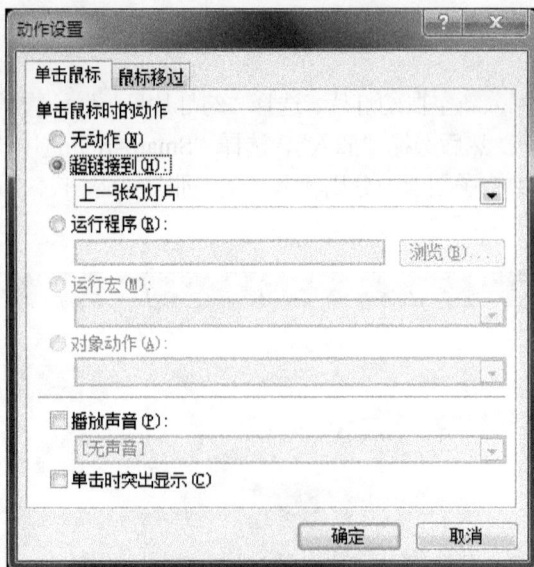

图 5-40　设置图形动作效果

其余两个图形对象的设置方式同上，分别选择动作为"下一张幻灯片"和"结束放映"。

3. 退出母版编辑状态，在空白的幻灯片中绘制一条直线，适当调整颜色、位置、大小，为其添加"向右"的路径动画效果，如图 5-41 所示。

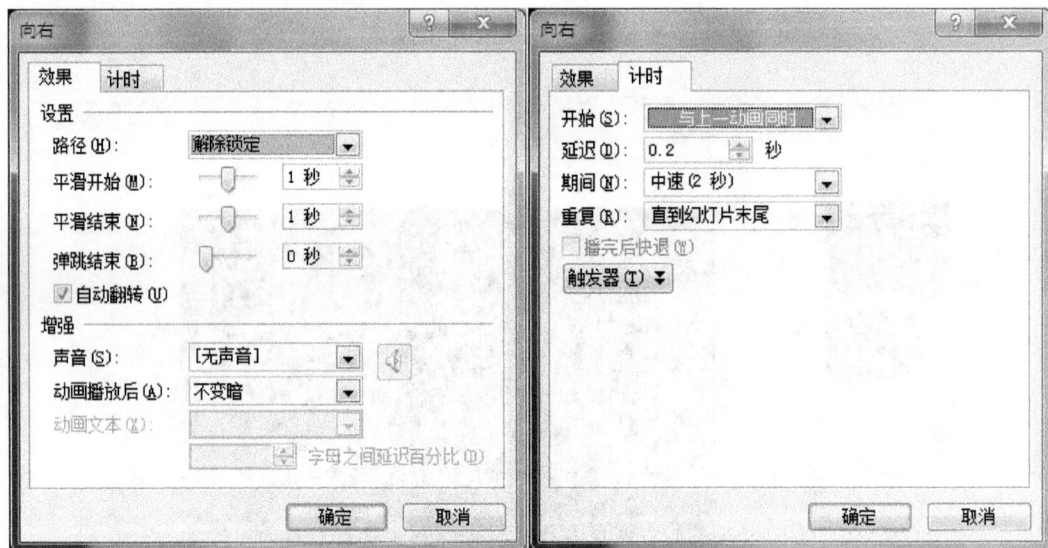

图 5-41　绘制线条并添加路径动画

4. 复制并粘贴若干相同直线（数量视效果需求确定），选择"格式"菜单，选择"对齐"功能下的"顶端对齐"将所有直线排列好，分别设置每条直线动画效果中"计时"选项卡里"延迟"为"0.2"秒。

5. 在所有直线之前绘制一条稍粗的红色直线，动画方式同上，"计时"延时为"0"秒。

6. 绘制一个按钮图形，如图 5-42 所示，选择该图形对象，为每一个动画增加"触发器"。

图 5-42 增加触发器

7. 为增强视觉效果和可控性，设置幻灯片放映方式为"在展台浏览"，将幻灯片的切换控制和动画播放控制交由设计好的交互按键。

8. 其余两张幻灯片效果可参照上述方法完成。

9. 幻灯片的切换可以根据需要设置为合适的方式。最后完成效果参看《简易物理实验.pptx》。

实验六 制作"××项目结题报告"演示文稿

一、实验目的

通过本实验的实验操作，学习者应掌握在演示文稿中使用 SmartArt 图形对象的基本方法，以及在展示或陈述自己的成果时应该如何合理的应用幻灯片的生动性、集成性和高效性。

二、实验效果

"××项目结题报告"演示文稿实验效果如图 5-43 所示。

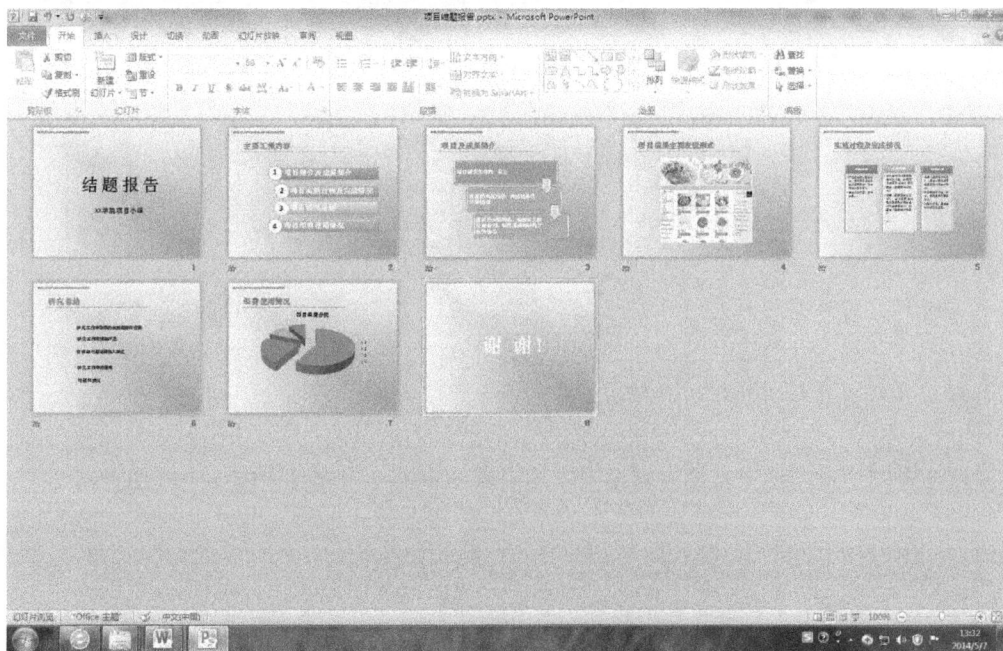

图 5-43 "XX 项目结题报告"演示文稿实验效果

三、实验内容

1. 新建演示文稿，插入新幻灯片，设置背景效果，如图 5-44 所示。

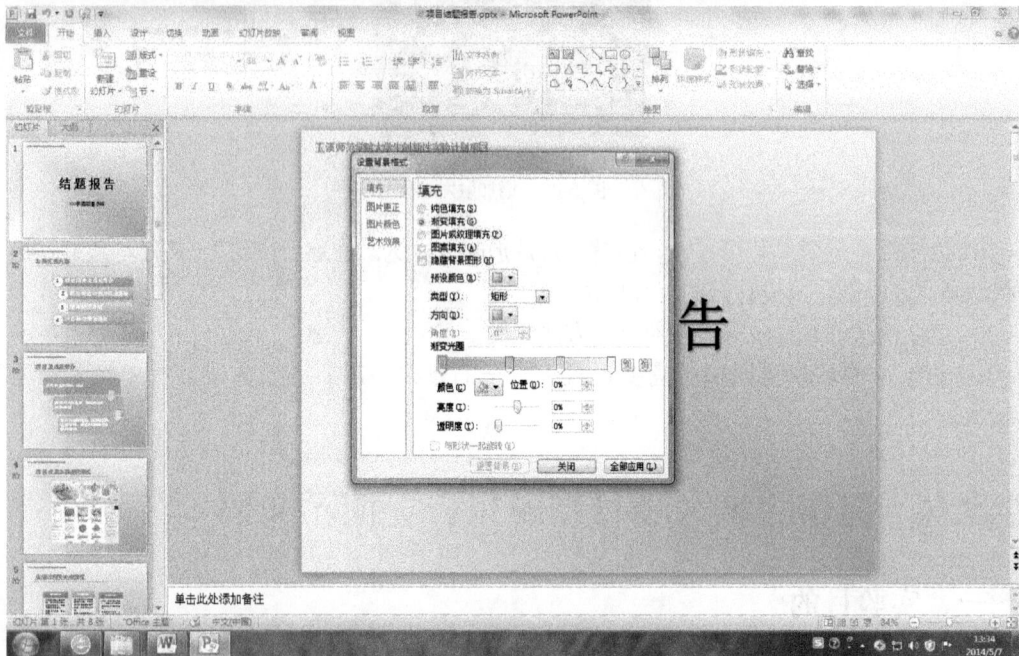

图 5-44　新建幻灯片背景效果

2. 插入第 2 张幻灯片，首先选择"插入"中的"SmartArt"在对话框中选中"垂直曲形列表"，如图 5-45 所示。

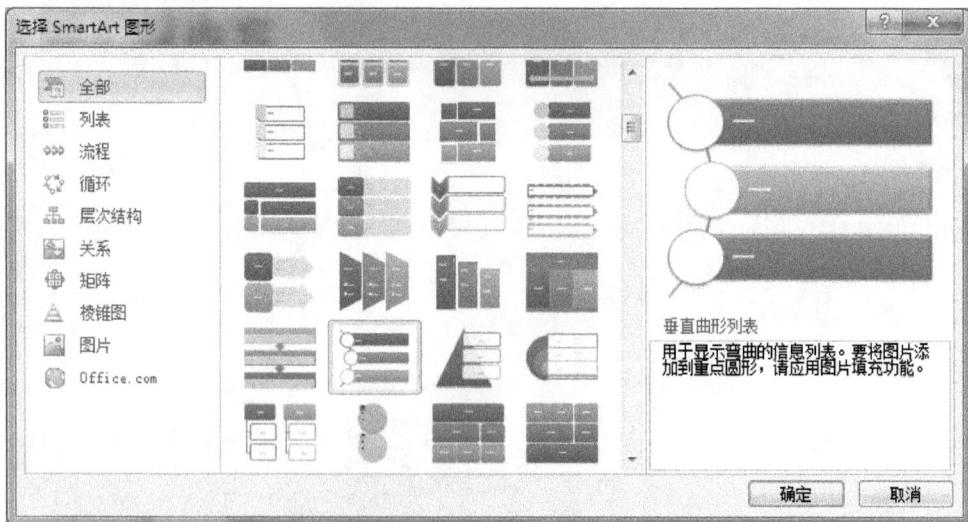

图 5-45　插入"Smart Art 图形"

然后选择单个图形，分别为其添加文字，如图 5-46 所示。

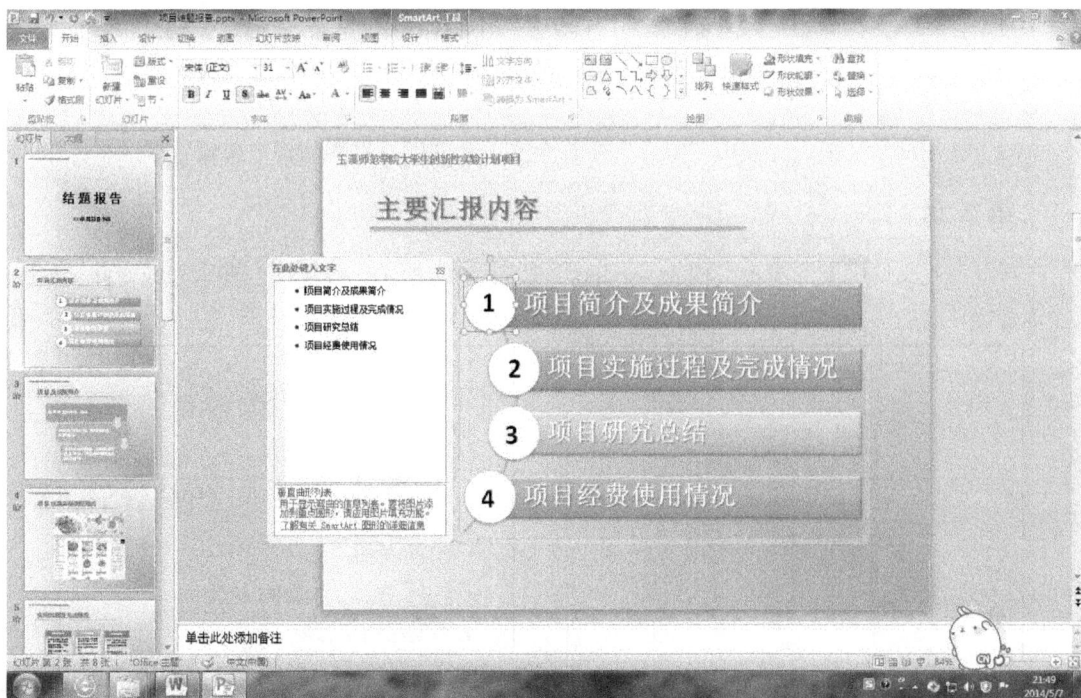

图 5-46 为"SmartArt 图形"添加文字

最后选中 SmartArt 图形对象，单击"动画"为其添加"擦除"效果，设置"效果选项"为"逐个"出现；

3. 第 3 张至第 7 张的效果添加及设置方法与上述内容相类似，最终完成效果参看《××项目结题报告.pptx》。

练习题

第 1 套

打开考生文件夹下的演示文稿 yswg.pptx，如图 5-47 所示，按照下列要求完成对此文稿的修饰并保存。

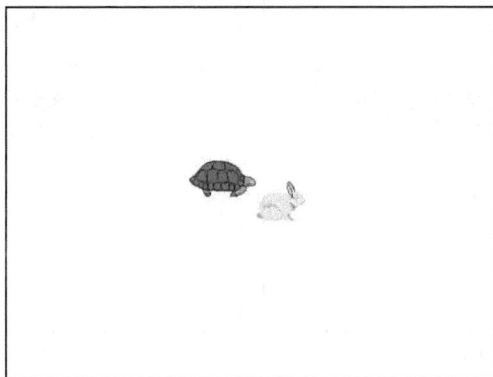

图 5-47　第 1 套幻灯片

（1）在演示文稿开始处插入一张"只有标题"幻灯片，作为文稿的第 1 张幻灯片，标题键入"龟兔赛跑"，设置为"加粗"、"66 磅"；将第 2 张幻灯片的动画效果设置为"切入"、"自左侧"。

（2）使用演示文稿设计模板"复合"修饰全文。全部幻灯片的切换效果设置成"平移"。

第 2 套

打开考生文件夹下的演示文稿 yswg.pptx，如图 5-48 所示，按照下列要求完成对此文稿的修饰并保存。

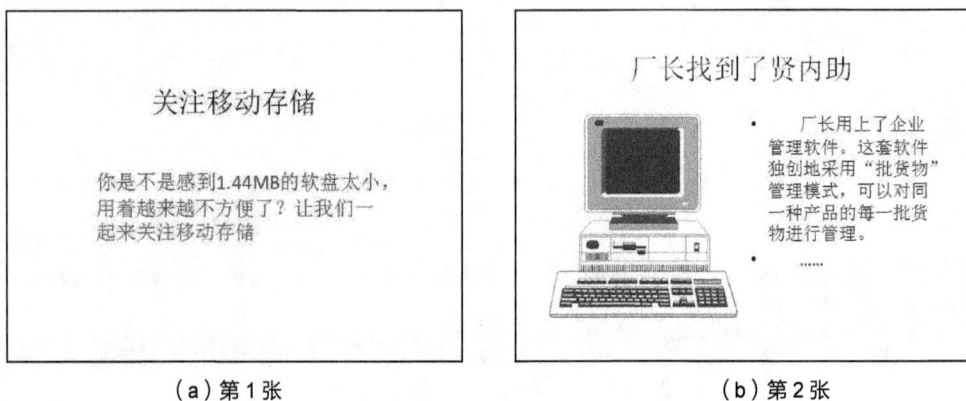

（a）第 1 张　　　　　　　　　　　　（b）第 2 张

图 5-48　第 2 套幻灯片

（1）将第 2 张幻灯片版式改变为"标题，内容与文本"，文本部分的动画效果设置为"向内溶解"；在演示文稿的开始处插入一张"仅有标题"幻灯片，作为文稿的第 1 张幻灯片，标题键入"家电价格还会降吗？"，设置为"加粗"、"66 磅"。

（2）将第 1 张幻灯片背景填充预设颜色为"麦浪滚滚"，底纹样式为"线性向下"。全部幻灯片的切换效果设置成"形状"。

第 3 套

打开考生文件夹下的演示文稿 yswg.pptx，如图 5-49 所示，按照下列要求完成对此文稿的修饰并保存。

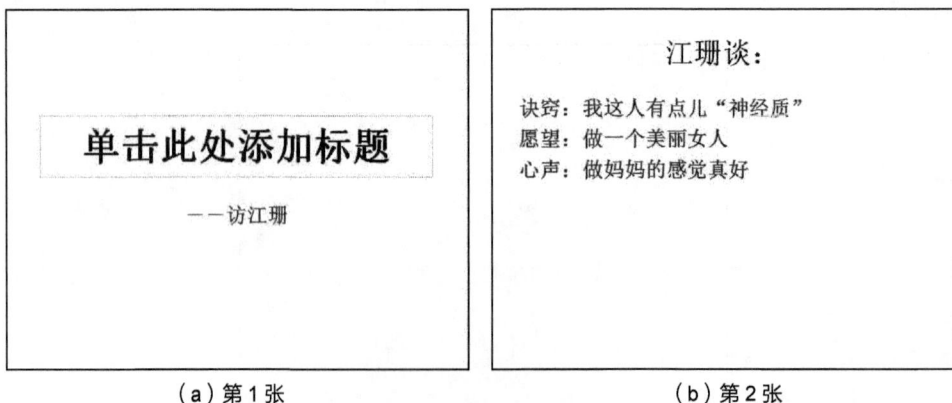

（a）第 1 张　　　　　　　　　　　　（b）第 2 张

图 5-49　第 3 套幻灯片

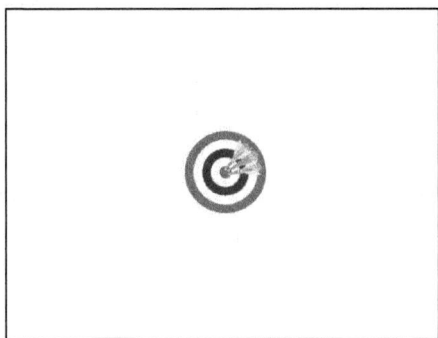

（c）第 3 张

图 5-49　第 3 套幻灯片（续）

（1）在演示文稿的开始处插入一张"仅有标题"幻灯片，作为文稿的第 1 张幻灯片，标题键入"吃亏就是占便宜"，并设置为"72 磅"；在第 2 张幻灯片的主标题中键入"我想做一个美丽女人"，并设置为"60 磅"、"加粗"、"红色"（请用"自定义"选项卡中的红色 230，绿色 1，蓝色 1）；将第 3 张幻灯片版式改变为"垂直排列标题与文本"。

（2）全部幻灯片的切换效果设置为"覆盖"，使用"复合"演示文稿设计模板修饰全文。

第 4 套

打开考生文件夹下的演示文稿 yswg.pptx，如图 5-50 所示，按照下列要求完成对此文稿的修饰并保存。

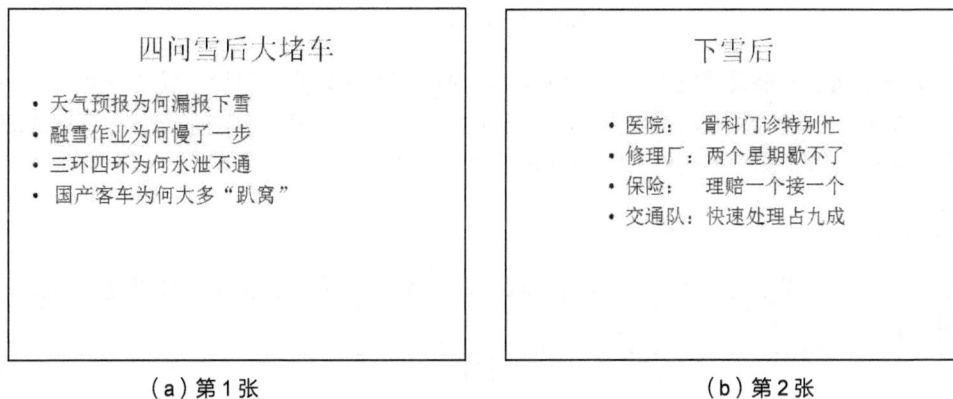

（a）第 1 张　　　　　　　　　　　　（b）第 2 张

图 5-50　第 4 套幻灯片

（1）将整个演示文稿设置成"复合"模板；将全部幻灯片切换效果设置成"切出"。

（2）将第 1 张幻灯片版式改变为"垂直排列标题与文本"，文本部分的动画效果设置为"棋盘"、"下"；在演示文稿的开始处插入一张"仅有标题"幻灯片，作为文稿的第 1 张幻灯片，标题键入"大家扫雪去！"，并设置为"60 磅"、"加粗"。

第 5 套

打开考生文件夹下的演示文稿 yswg.pptx，如图 5-51 所示，按照下列要求完成对此文稿的修饰并保存。

（a）第1张

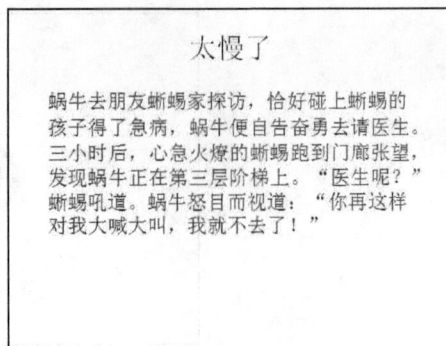
（b）第2张

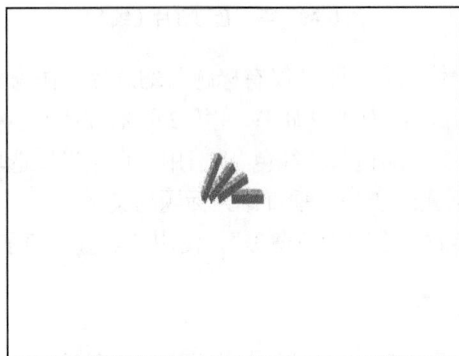
（c）第3张

图5-51　第5套幻灯片

（1）整个演示文稿设置成"华丽"模板；将全部幻灯片切换效果设置成"覆盖"。

（2）将第2张幻灯片版式改变为"垂直排列标题与文本"，然后将这张幻灯片移动成演示文稿的第1张幻灯片；第3张幻灯片的动画效果设置为"飞入"、"自左侧"。

第6套

打开考生文件夹下的演示文稿yswg.pptx，如图5-52所示，按照下列要求完成对此文稿的修饰并保存。

（a）第1张

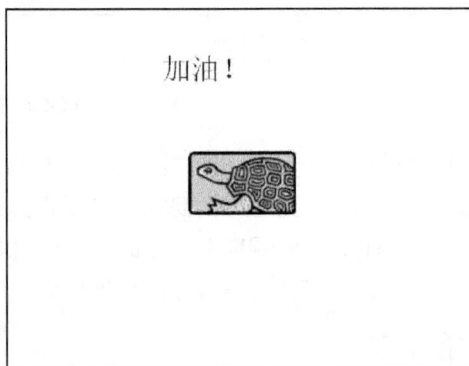
（b）第2张

图5-52　第6套幻灯片

（c）第3张

图 5-52　第 6 套幻灯片（续）

（1）使用演示文稿设计中的"活力"模板来修饰全文。全文幻灯片的切换效果设置成"百叶窗"。

（2）将第 3 张幻灯片版式改变为"标题和内容"，标题处键入"顶峰"，将对象部分动画效果设备为"飞入"、"自底部"；然后将该张幻灯片移动为演示文稿的第 2 张幻灯片。

第 7 套

打开考生文件夹下的演示文稿 yswg.pptx，如图 5-53 所示，按照下列要求完成对此文稿的修饰并保存。

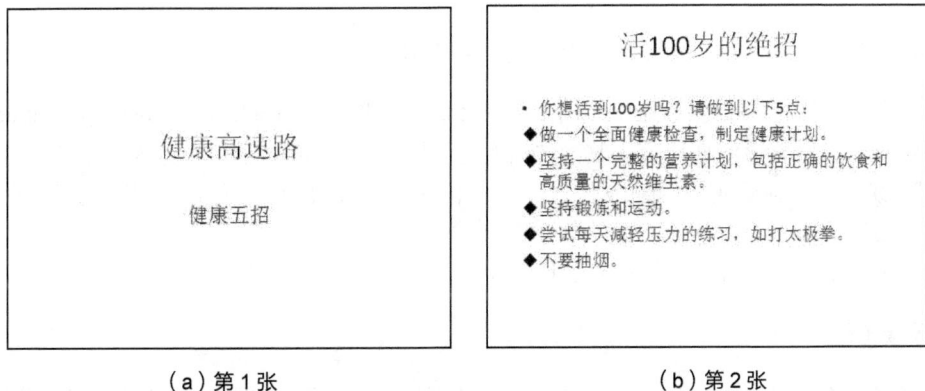

（a）第 1 张

（b）第 2 张

图 5-53　第 7 套幻灯片

（1）使用"透视"模板修饰全文，全部幻灯片切换效果为"覆盖"。

（2）在第 2 张幻灯片前插入一张幻灯片，其版式为"内容与标题"，输入标题文字为"活到100 岁"，其字体设置为"宋体"，字号设置成"54 磅"。输入垂直文体为"如何健康长寿？"，其字体设置为"黑体"，字号设置成"54 磅"、"加粗"、"红色"（请用"自定义"选项卡的红色250、绿色 0、蓝色 0）。插入 Office 收藏集中" athletes,baseball players…"类的剪贴画。第 3张幻灯片的文本字体设置为"黑体"，字号设置成"28 磅"、"倾斜"。

第 8 套

打开考生文件夹下的演示文稿 yswg.pptx，如图 5-54 所示，按照下列要求完成对此文稿的修饰并保存。

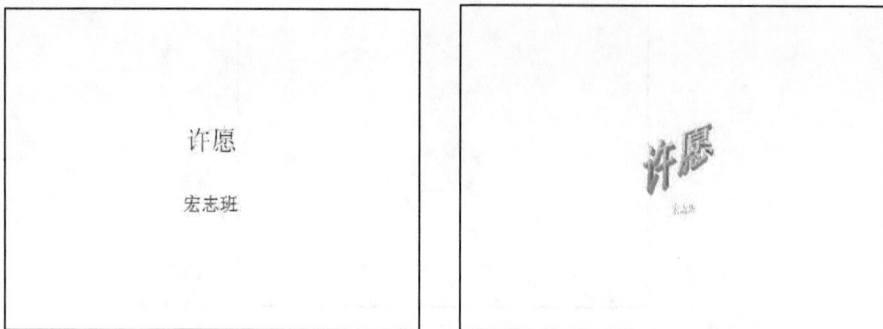

（a）第1张　　　　　　　　　　（b）第2张

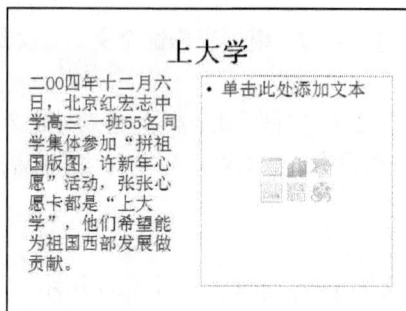

（c）第3张

图 5-54　第 8 套幻灯片

（1）在第三张幻灯片的剪贴画区域中插入 Office 收藏集中"academics,crayons,photographs…"类的剪贴画。然后将该幻灯片版式改为"内容与标题"。文本部分字体设置为"宋体"，字号为"32 磅"。剪贴画动画设置为"缩放"、"幻灯片中心"。将第 1 张幻灯片的背景填充设置为"纹理"、"花束"。

（2）删除第 2 张幻灯片。全部幻灯片放映方式为"观众自行浏览"。

第 9 套

打开考生文件夹下的演示文稿 yswg.pptx，如图 5-55 所示，按照下列要求完成对此文稿的修饰并保存。

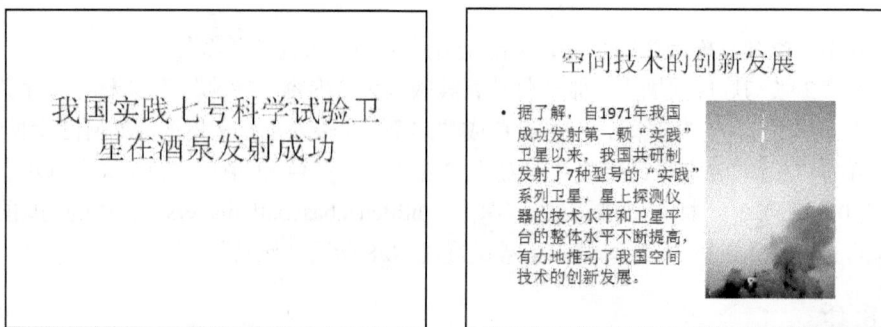

（a）第1张　　　　　　　　　　（b）第2张

图 5-55　第 9 套幻灯片

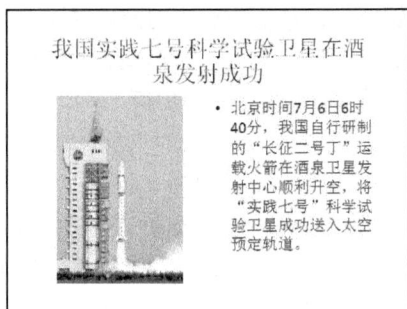

（c）第 3 张

图 5-55　第 9 套幻灯片（续）

（1）第 1 张幻灯片的主标题文字的字体设置为"黑体"，字号设置为"57 磅"，加粗，下划线。第 2 张幻灯片图片的动画设置为"切入"、"自底部"，文本动画设置为"擦除"、"自顶部"。第 3 张幻灯片的背景为预设"茵茵绿原"，底纹样式为"线性对角-左上到右下"。

（2）第 2 张幻灯片的动画出现顺序为先文本、后图片。使用"复合"模板修饰全文。放映方式为"观众自行浏览"。

第 10 套

打开考生文件夹下的演示文稿 yswg.pptx，如图 5-56 所示，按照下列要求完成对此文稿的修饰并保存。

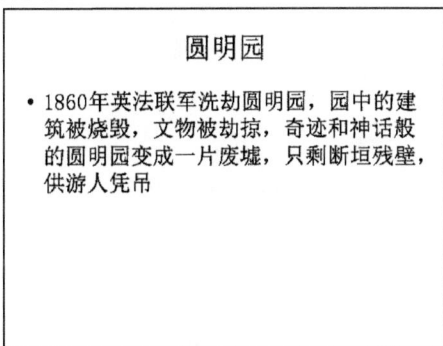

（a）第 1 张

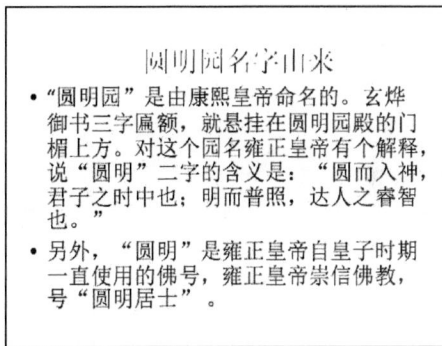

（b）第 2 张

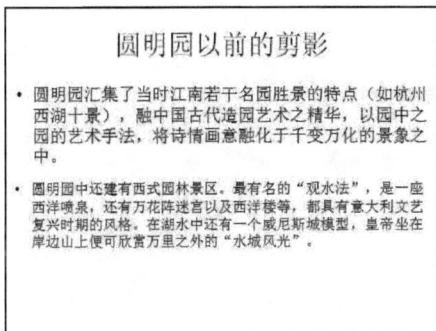

（c）第 3 张

（d）第 4 张

图 5-56　第 10 套幻灯片

（1）使用"透视"模板修饰全文，全部幻灯片切换效果为"百叶窗"。

（2）第1张幻灯片的版式改为"两栏内容"，文本设置字体为"黑体"，字号为"35磅"；将第4张幻灯片的右上角图片移到第1张幻灯片的内容区域。第2张幻灯片的版式改为"标题和竖排文字"，原标题文字设置为"艺术字"，形状为"渐变填充-黑色，轮廓-白色，外部阴影"，艺术字位置为"水平：6.9厘米，度量依据：左上角，垂直：1.5厘米，度量依据：左上角"。第3张幻灯片的版式改为"比较"，将第3张幻灯片左端文本的两段内容分别复制到标题下的左、右两个内容区域，将第4张幻灯片的左上角和右下角图片依次复制到第3张幻灯片的左、右两个内容区域。删除第4张幻灯片，移动第3张幻灯片，使之成为第2张幻灯片。

PART 6

第六章
电子表格处理软件 Excel
2010

实验一　制作学生成绩表

一、实验目的

掌握工作簿和工作表的建立、保存与打开等。

掌握工作表的数据输入和编辑等。

掌握在工作表中利用公式和函数进行数据计算。

掌握工作表中单元格格式、行列属性、自动套用格式、条件格式等设置。

掌握工作表的页面设置和打印等。

二、实验效果

学生成绩表实验效果如图 6-1 和图 6-2 所示。

	学号	姓名	高等数学	大学英语	大学计算机	总分	总评
	学生成绩表						
	班级：旅游管理		教师：张三		制表日期：2014.1.15		
4	2013011101	杨妙琴	98	77	88	263	优秀
5	2013011102	周凤连	88	90	99	277	优秀
6	2013011103	张俊	67	76	76	219	
7	2013011104	张英萍	66	77	66	209	
8	2013011105	冯艳	77	65	77	219	
9	2013011106	涂盼	88	92	95	275	优秀
10	2013011107	韦红娥	43	56	67	166	
11	2013011108	周明光	57	77	52	186	
12	2013011109	李政	89	82	80	251	
13	2013011110	曾美玲	93	91	90	274	优秀
14	最高分		98	92	99	277	
15	最低分		43	56	52	166	
16	平均分		76.6	78.3	79.0	233.9	
17	及格人数		8	9	9		
18	总人数		10	10	10		

图 6-1　学生成绩表实验效果（1）

图 6-2　学生成绩表实验效果（2）

三、实验内容

1. 启动 Excel 2010，在空白工作表中输入以下数据，如图 6-3 所示，并以"学生成绩.xlsx"为文件名保存在 "D:\学生成绩" 文件夹中。

图 6-3　工作表数据输入

2. 在 Sheet3 工作表前插入 Sheet4 工作表，将 Sheet1 工作表中 A1:E11 单元格区域复制到 Sheet4 工作表中从 A1 单元格起始的区域。

3. 在 Sheet1 工作表"学号"所在行前插入 2 行，"平均分"所在行前插入 1 行，分别输入相应内容，如图 6-4 所示。并将 Sheet1 工作表命名为"成绩表"。

图 6-4　工作表的编辑和修改

4. 先计算每个学生的总分，再求出各科目的最高分、最低分、平均分、及格人数和总人数。

5. 评出优秀学生，总分高于总分平均分的 10%者为优秀，在"总评"栏中填写"优秀"。

6. 在"成绩表"工作表中，选取所有学生的学号、姓名、大学英语成绩，将其复制到工作表 Sheet2 A1 单元格开始的区域，并增加"大学英语（五级制）"一列，将大学英语成绩百分制转换成五级制（成绩≥90 为"优"、90 > 成绩≥80 为"良"、80 > 成绩≥70 为"中"、70 > 成绩≥60 为"及格"、60 > 成绩为"不及格"）。如图 6-5 所示。

	D2	▼	f_x =IF(C2>=90,"优",IF(C2>=80,"良",IF(C2>=70,"中",IF(C2>=60,"及格","不及格"))))					
	A	B	C	D	E	F	G	H
1	学号	姓名	大学英语（百分制）	大学英语（五级制）				
2	2013011101	杨妙琴	77	中				
3	2013011102	周凤连	90	优				
4	2013011103	张俊	76	中				
5	2013011104	张英萍	77	中				
6	2013011105	冯艳	65	及格				
7	2013011106	涂盼	92	优				
8	2013011107	韦红娥	56	不及格				
9	2013011108	周明光	77	中				
10	2013011109	李政	82	良				
11	2013011110	曾美玲	91	优				

图 6-5　嵌套 IF 条件函数使用示例

7. 单元格设置：

（1）在"成绩表"工作表中，选定 A1:G1 单元格区域,，在"开始"功能区的"对齐方式"分组中，单击"设置单元格式"按钮，在"对齐"选项卡的"水平对齐"列表中选择"跨列居中"；

（2）将表格标题设置成"黑体"、"24 磅"；

（3）将"平均分"设置为"数值"型数据并保留小数 1 位。"及格人数"设置为整数"数值"型数据；

（4）表格各栏列宽设置为"自动调整列宽"；列标题行行高设置为"20"，其余行高为最合适的行高；

（5）将"成绩表"工作表格内的内容和边框按图 6-1 所示进行格式化（字段标题、字体、字号、对齐、边框线、底纹等）。

8. 自动套用格式设置：将 Sheet2 工作表格内的内容和边框按图 6-2 所示进行格式化（字段标题、字体、字号、对齐、边框线、底纹等）。

（1）选定 A1:D11 单元格区域，选择"开始"选项卡内的"样式"命令组，选择"套用表格样式"命令。

（2）在弹出的"样式"选择中，选择"表样式浅色 16"表格样式，单击"确定"按钮。

9. 条件格式设置。

用浅红色填充并显示所有学生所有课程中不及格的成绩。

（1）选定"成绩表"工作表 C4:E13 单元格区域，选择"开始"选项卡"样式"命令组，单击"条件格式"命令，选择其下的"突出显示单元格规则"操作，打开"小于"对话框。

（2）在"小于"对话框中，输入"60"，选择"浅红色填充"。如图 6-6 所示。

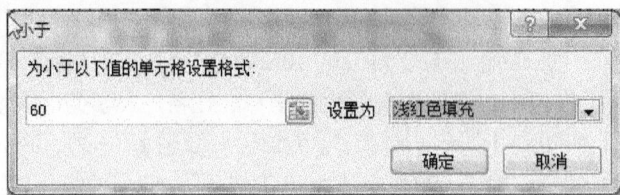

图 6-6 条件格式设置

10. 工作表的预览和打印。

（1）以"学生成绩表"为例，纸张大小为"A4"，表格打印设置为"水平"、"垂直居中"，上、下页边距为"3"厘米。

（2）设置"页眉"为"成绩统计分析汇总表"，格式为"楷体"、"居中"、"加粗"、"倾斜"、"12"；设置"页脚"为"页码"，"靠右"摆放。

（3）设置打印"顶端标题行"。

（4）保存工作簿文件，并关闭 Excel 2010 窗口。

实验二 建立学生成绩统计图

一、实验目的

掌握 Excel 图表的建立、编辑与修饰等功能。

二、实验效果

学生成绩统计图实验效果如图 6-7 所示。

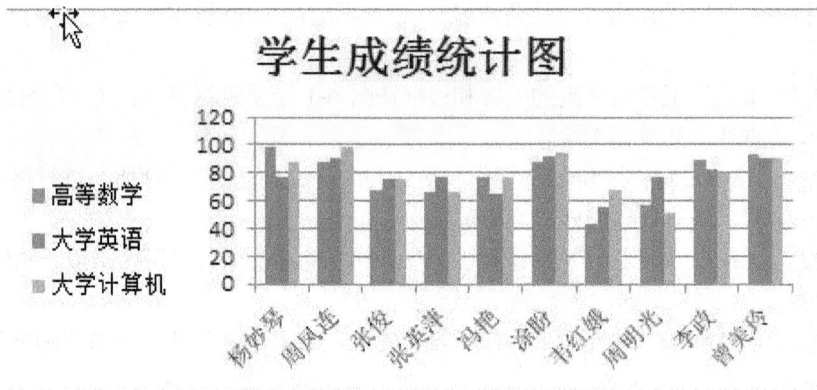

图 6-7 学生成绩统计图实验效果

三、实验内容

1. 以实验 1 为例，将"成绩表"工作表单元格区域 B3:E13 复制到 Sheet3 工作表从 A1 开始的单元格区域中。

2. 选定 Sheet3 工作表 A1:A11、C1:C11 和 D1:D11 单元格区域，选择"插入"选项卡下的"图表"命令组，单击"柱形图"命令；选择"簇状圆柱图"，如图 6-8 所示。

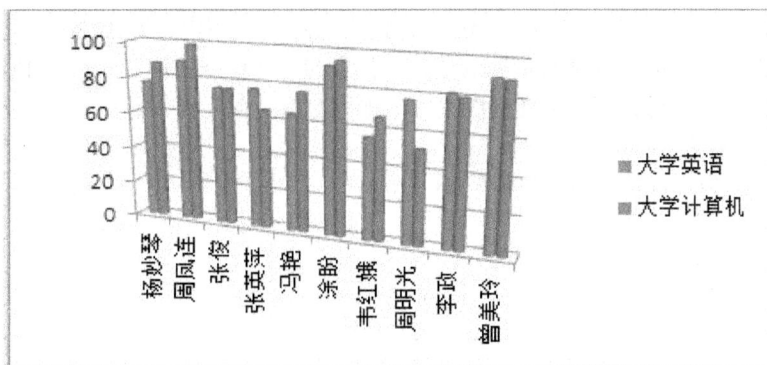

图 6-8　创建图表

3. 功能区出现"图表工具"选项卡,选择"设计"选项卡下的"图表样式"命令组可以改变图表图形颜色。选择"设计"选项卡下的"图表布局"命令组可以改变图表布局。

4. 选择"布局"选项卡下的"标签"命令组,使用"图表标题"命令和"图例"命令,可以输入图表标题为"学生成绩统计图",图例位置为"在左侧显示图例",如图 6-9 所示。

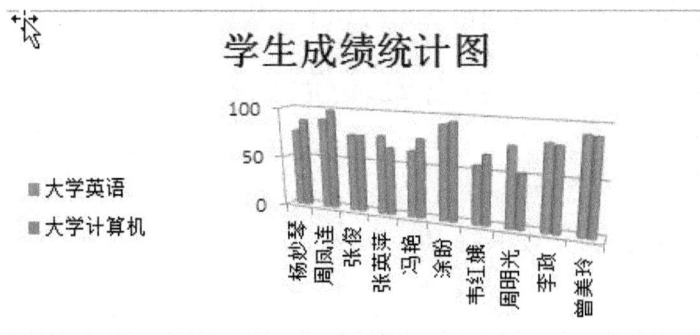

图 6-9　修改图表布局

5. 调整大小,将其插入到 A13:E23 单元格区域内。

6. 右击图表绘图区,选择快捷菜单中的"更改图表类型"命令,修改图表类型为"簇状柱形图",如图 6-10 所示。

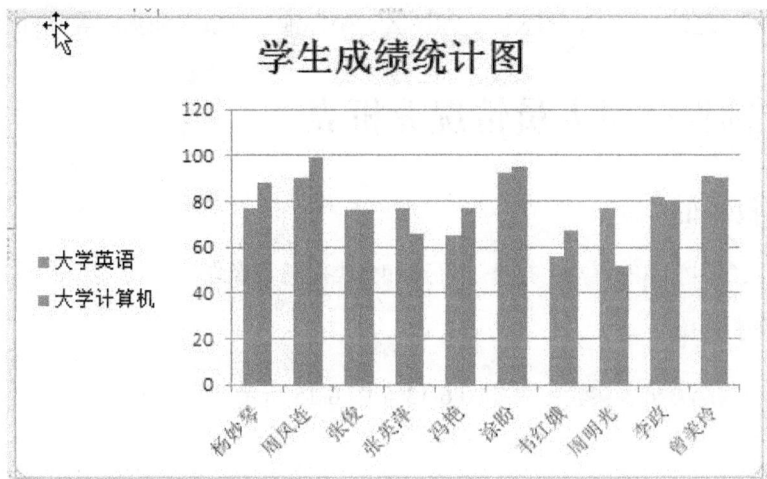

图 6-10　修改图表类型

7. 单击图表绘图区，选择"设计"选项卡下"数据"命令组的"选择数据"命令或单击图表绘图区，选择菜单中的"选择数据"命令，在弹出的"选择源数据"对话框中选择图表所需的"高等数学"数据区域，即可完成向图表中添加源数据。如图 6-11 所示。

图 6-11　向图表中添加数据源

8. 利用"选择源数据"对话框的"图例项（系列）"栏中的"删除"按钮，同时删除工作表和图表中"高等数学"和"大学英语"数据。如图 6-12 所示。

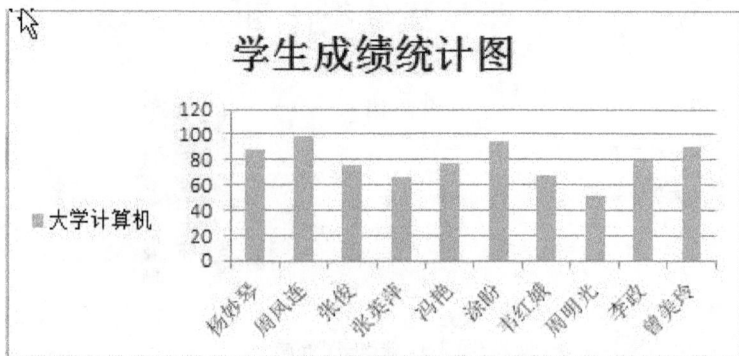

图 6-12　删除图表中的数据

9. 选中"学生成绩统计图"图表，利用"图表工具"选项卡下的"布局"和"格式"选项卡下的命令，可以完成对图表的修饰。如对图表的网格线、数据表、数据标志、颜色、图案、线形、填充效果、边框、图片、图表区、绘图区、坐标轴、背景墙和基底等进行设置。

实验三　制作公司人员情况分析表

一、实验目的

掌握工作表数据清单的建立、排序、筛选和分类汇总等操作。

二、实验效果

某公司人员情况分析表实验效果如图 6-13 至图 6-15 所示。

序号	职工号	部门	组别	年龄	性别	学历	职称	基本工资
1	W001	工程部	E1	28	男	硕士	工程师	4000
7	W007	工程部	E2	26	男	本科	工程师	3500
6	W006	工程部	E1	23	男	本科	助工	2500
10	W010	开发部	D3	36	男	硕士	工程师	3500
8	W008	开发部	D2	31	男	博士	工程师	4500
2	W002	开发部	D1	26	女	硕士	工程师	3500
3	W003	培训部	T1	35	女	本科	高工	4500
5	W005	培训部	T2	33	男	本科	工程师	3500
9	W009	销售部	S2	37	女	本科	高工	5500
4	W004	销售部	S1	32	男	硕士	工程师	3500

图 6-13　某公司人员情况分析表实验效果（1）

序号	职工号	部门	组别	年龄	性别	学历	职称	基本工资
1	W001	工程部	E1	28	男	硕士	工程师	4000
2	W002	开发部	D1	26	女	硕士	工程师	3500
4	W004	销售部	S1	32	男	硕士	工程师	3500
8	W008	开发部	D2	31	男	博士	工程师	4500
10	W010	开发部	D3	36	男	硕士	工程师	3500

图 6-14　某公司人员情况分析表实验效果（2）

序号	职工号	部门	组别	年龄	性别	学历	职称	基本工资
1	W001	工程部	E1	28	男	硕士	工程师	4000
6	W006	工程部	E1	23	男	本科	助工	2500
7	W007	工程部	E2	26	男	本科	工程师	3500
		工程部 平均值						3333.333
2	W002	开发部	D1	26	女	硕士	工程师	3500
8	W008	开发部	D2	31	男	博士	工程师	4500
10	W010	开发部	D3	36	男	硕士	工程师	3500
		开发部 平均值						3833.333
3	W003	培训部	T1	35	女	本科	高工	4500
5	W005	培训部	T2	33	男	本科	工程师	3500
		培训部 平均值						4000
4	W004	销售部	S1	32	男	硕士	工程师	3500
9	W009	销售部	S2	37	女	本科	高工	5500
		销售部 平均值						4500
		总计平均值						3850

图 6-15　某公司人员情况分析表实验效果（3）

三、实验内容

1. 启动 Excel 2010,在 Sheet1 工作表中输入以下数据，如图 6-16 所示，并以"某公司人员情况.xlsx"为文件名保存在"D:\某公司人员情况"文件夹中。

序号	职工号	部门	组别	年龄	性别	学历	职称	基本工资
1	W001	工程部	E1	28	男	硕士	工程师	4000
2	W002	开发部	D1	26	女	硕士	工程师	3500
3	W003	培训部	T1	35	女	本科	高工	4500
4	W004	销售部	S1	32	男	硕士	工程师	3500
5	W005	培训部	T2	33	男	本科	工程师	3500
6	W006	工程部	E1	23	男	本科	助工	2500
7	W007	工程部	E2	26	男	本科	工程师	3500
8	W008	开发部	D2	31	男	博士	工程师	4500
9	W009	销售部	S2	37	女	本科	高工	5500
10	W010	开发部	D3	36	男	硕士	工程师	3500

图 6-16　"某公司人员情况"数据清单

2. 向 G9 单元格数据增加一条批注，内容为"应用数学专业本科，计算机科学与技术专业硕士、博士"，如图 6-17 所示。

4	3 W003	培训部	T1	35 女	本科	高工	4500
5	4 W004	销售部	S1	32 男	硕士	工程师	3500
6	5 W005	培训部	T2	33 男	本科	工程师	3500
7	6 W006	工程部	E1	23 男	本科	助工	2500
8	7 W007	工程部	E2	26 男	本科		
9	8 W008	开发部	D2	31 男	博士		
10	9 W009	销售部	S2	37 女	本科		
11	10 W010	开发部	D3	36 男	硕士		
12							
13							

图 6-17　为 G9 单元格加入批注后的数据清单

3. 利用"数据"选项卡下的"升序"按钮和"降序"按钮进行排序。

（1）将 Sheet1 工作表 A1:I11 单元格区域的数据复制到 Sheet2 工作表从 A1 开始的单元格区域内。

（2）对工作表中数据清单的内容按主要关键字"年龄"的递减次序进行排序，如图 6-18 所示。

	A	B	C	D	E	F	G	H	I
1	序号	职工号	部门	组别	年龄	性别	学历	职称	基本工资
2	9	W009	销售部	S2	37	女	本科	高工	5500
3	10	W010	开发部	D3	36	男	硕士	工程师	3500
4	3	W003	培训部	T1	35	女	本科	高工	4500
5	5	W005	培训部	T2	33	男	本科	工程师	3500
6	4	W004	销售部	S1	32	男	硕士	工程师	3500
7	8	W008	开发部	D2	31	男	博士	工程师	4500
8	1	W001	工程部	E1	28	男	硕士	工程师	4000
9	2	W002	开发部	D1	26	女	硕士	工程师	3500
10	7	W007	工程部	E2	26	男	本科	工程师	3500
11	6	W006	工程部	E1	23	男	本科	助工	2500

图 6-18　数据排序后的工作表

4. 利用"数据"选项卡下的"排序与筛选"命令组的"排序"命令进行排序。

（1）将 Sheet1 工作表 A1:I11 单元格区域的数据复制到 Sheet3 工作表从 A1 开始的单元格区域内。

（2）对工作表中数据清单的内容按照主要关键字"部门"的递增次序和次要关键字"年龄"的递减次序进行排序，如"实验效果"图 6-13 所示。

5. 自动筛选。

（1）单字段条件筛选。

① 插入 Sheet4 工件表，并将 Sheet1 工作表 A1:I11 单元格区域的数据复制到 Sheet4 工作表从 A1 开始的单元格区域内。

② 对工作表中数据清单的内容进行"自动筛选"，条件为："职称"为"高工"，如图 6-19 所示。

	A	B	C	D	E	F	G	H	I
1	序号	职工号	部门	组别	年龄	性别	学历	职称	基本工
4	3 W003	培训部	T1		35 女		本科	高工	4500
10	9 W009	销售部	S2		37 女		本科	高工	5500
12									

图 6-19　自动筛选后的工作表（1）

③ 再插入 Sheet5 工件表，并将 Sheet1 工作表 A1:I11 单元格区域的数据复制到 Sheet5 工作表从 A1 开始的单元格区域内。

④ 对工件表数据清单的内容进行"自动筛选"，条件为："年龄"大于或等于"35"并且小于或等于"40"，如图 6-20 所示。

	A	B	C	D	E	F	G	H	I
1	序号	职工号	部门	组别	年龄	性别	学历	职称	基本工资
4	3	W003	培训部	T1	35	女	本科	高工	4500
10	9	W009	销售部	S2	37	女	本科	高工	5500
11	10	W010	开发部	D3	36	男	硕士	工程师	3500

图 6-20　自动筛选后的工作表（2）

（2）多字段条件筛选。

① 插入 Sheet6 工件表，并将 Sheet1 工作表 A1:I11 单元格区域的数据复制到 Sheet6 工作表从 A1 开始的单元格区域内。

② 对工作表数据清单的内容进行"自动筛选"，需同时满足两个条件：年龄大于等于"25"并且小于等于"40"；学历为"硕士"或"博士"。其效果如"实验效果"图 6-14 所示。

6. 高级筛选。

（1）插入 Sheet7 工件表，并将 Sheet1 工作表 A1:I11 单元格区域的数据复制到 Sheet7 工作表从 A1 开始的单元格区域内。

（2）对工作表数据清单的内容进行"高级筛选"，需同时满足两个条件：年龄大于等于"25"并且小于等于"40"；学历为"硕士"或"博士"。如图 6-21 所示。

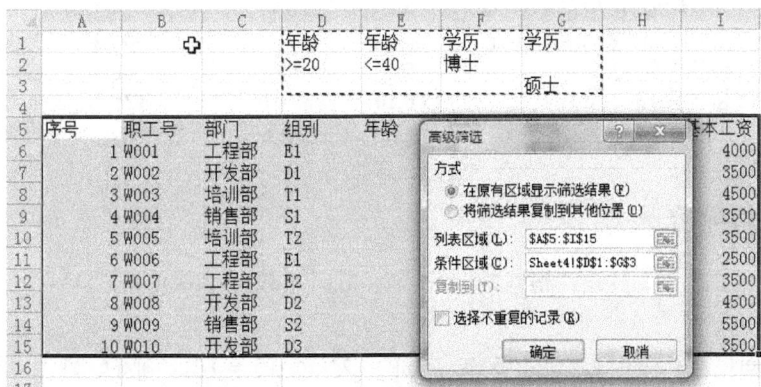

图 6-21　进行高级筛选

7. 创建分类汇总。

（1）插入 Sheet8 工件表，并将 Sheet1 工作表 A1:I11 单元格区域的数据复制到 Sheet8 工作表从 A1 开始的单元格区域内。

（2）对工作表数据清单的内容进行"分类汇总"，汇总计算各部门基本工资的"平均值"（分类字段为"部门"，汇总方式为"平均值"，汇总项为"基本工资"），汇总结果显示在数据下方。其效果如"实验效果"图 6-15 所示。

实验四 制作销售数量统计表

一、实验目的

掌握工作表数据合并、建立数据透视表等操作。

二、实验效果

销售数量统计表实验效果如图 6-22 和图 6-23 所示。

	A	B	C	D
1	合计销售数量统计表			
2	型号	一月	二月	三月
5	A001	202	155	183
8	A002	144	174	164
11	A003	159	147	158
14	A004	165	170	187
15				

图 6-22　销售数量统计表实验效果（1）

12		型号				
13	经销店	数据	A001	A002	A003	A004	总计
14	1分店	求和项:销售量	267	271	226	290	1054
15		求和项:总销售额（元）	8811	12195	6554	18270	45830
16	2分店	求和项:销售量	273	257	232	304	1066
17		求和项:总销售额（元）	9009	11565	6728	19152	46454
18	求和项:销售量汇总		540	528	458	594	2120
19	求和项:总销售额（元）汇总		17820	23760	13282	37422	92284

图 6-23　销售数量统计表实验效果（2）

三、实验内容

1. 启动 Excel 2010，并以"销售数量统计表.xlsx"为文件名保存在"D:\ 销售数量统计表"文件夹中。

2. 在 Sheet1 工作表中输入以下数据，并命名为"销售单 1"，如图 6-24 所示。

	A	B	C	D
1	1分店销售数量统计表			
2	型号	一月	二月	三月
3	A001	90	85	92
4	A002	77	65	83
5	A003	86	72	80
6	A004	67	79	86

图 6-24　"销售单 1"工作表

3. 在 Sheet2 工作表中输入以下数据，并命名为"销售单 2"，如图 6-25 所示。

	A	B	C	D
1	2分店销售数量统计表			
2	型号	一月	二月	三月
3	A001	112	70	91
4	A002	67	109	81
5	A003	73	75	78
6	A004	98	91	101

图 6-25　“销售单 2”工作表

4. 将 Sheet3 工作表命名为“合计销售单”，并计算出以上两个分店 4 种型号的产品一月、二月、三月每月销售量总和。其效果如“实验效果”中图 6-22 所示。

5. 插入一张工作表，命名为“销售数量统计表”，并输入以下数据，如图 6-26 所示。

	A	B	C	D	E
1			销售数量统计表		
2	经销店	型号	销售量	单价（元）	总销售额（元）
3	1分店	A001	267	33	8811
4	2分店	A001	273	33	9009
5	1分店	A002	271	45	12195
6	2分店	A002	257	45	11565
7	2分店	A003	232	29	6728
8	1分店	A003	226	29	6554
9	2分店	A004	304	63	19152
10	1分店	A004	290	63	18270

图 6-26　销售数量统计表

6. 建立“数据透视表”，显示各分店各型号产品销售量的和、总销售额的和以及汇总信息。其效果如“实验效果”中图 6-23 所示。

练习题

第 1 套

（1）打开工作簿文件 EXCEL.xlsx，如图 6-27 所示，将工作表 Sheet1 的 A1:D1 单元格合并为一个单元格，内容水平居中；计算“销售额”列的内容（销售额 = 销售数量 × 单价），将工作表命名为“图书销售情况表”。

	A	B	C	D
1	某书店图书销售情况表			
2	图书编号	销售数量	单价	销售额
3	0123	256	11.6	
4	1098	298	19.8	
5	2134	467	36.5	

图 6-27　图书销售情况表

（2）打开工作簿文件 EXC.xlsx，如图 6-28 所示，对工作表“选修课程成绩单”内的数据清单的内容进行自动筛选（自定义），条件为“成绩大于或等于 60 并且小于或等于 80”，筛选后的工作表还保存在 EXC.xls 工作簿文件中，工作表名不变。

	A	B	C	D	E
1	系别	学号	姓名	课程名称	成绩
2	信息	991021	李新	多媒体技术	74
3	计算机	992032	王文辉	人工智能	87
4	自动控制	993023	张磊	计算机图形学	65
5	经济	995034	郝心怡	多媒体技术	86
6	信息	991076	王力	计算机图形学	91
7	数学	994056	孙英	多媒体技术	77
8	自动控制	993021	张在旭	计算机图形学	60
9	计算机	992089	金翔	多媒体技术	73
10	计算机	992005	扬海东	人工智能	90
11	自动控制	993082	黄立	计算机图形学	85
12	信息	991062	王春晓	多媒体技术	78
13	经济	995022	陈松	人工智能	69
14	数学	994034	姚林	多媒体技术	89
15	信息	991025	张雨涵	计算机图形学	62
16	自动控制	993026	钱民	多媒体技术	66
17	数学	994086	高晓东	人工智能	78
18	经济	995014	张平	多媒体技术	80
19	自动控制	993053	李英	计算机图形学	93
20	数学	994027	黄红	人工智能	68
21	信息	991021	李新	人工智能	87
22	自动控制	993023	张磊	多媒体技术	75
23	信息	991076	王力	多媒体技术	81
24	自动控制	993021	张在旭	人工智能	75
25	计算机	992005	扬海东	计算机图形学	67
26	经济	995022	陈松	计算机图形学	71
27	信息	991025	张雨涵	多媒体技术	68
28	数学	994086	高晓东	多媒体技术	76
29	自动控制	993053	李英	人工智能	79
30	计算机	992032	王文辉	计算机图形学	79

图 6-28　选修课程成绩表

第 2 套

（1）打开工作簿文件 EXCEL.xlsx，如图 6-29 所示，将工作表 Sheet1 的 A1:C1 单元格合并为一个单元格，内容水平居中，计算人数的"总计"行及"所占比例"列的内容（所占比例 = 人数/总计），将工作表命名为"员工年龄情况表"。

	A	B	C
1	某企业员工年龄情况表		
2	年龄	人数	所占比例
3	30以下	25	
4	30至40	43	
5	40至50	21	
6	50以上	12	
7	总计		

图 6-29　员工年龄情况表

（2）取"员工年龄情况表"的"年龄"列和"所占比例"列的单元格内容（不包括"总计"行），建立"分离型圆环图"，数据标题为"百分比"，图表标题为"员工年龄情况图"，插入到表的 A9:C19 单元格区域内。

第 3 套

（1）打开工作簿文件 EXCEL. xlsx，如图 6-30 所示，将工作表 Sheet1 的 A1:D1 单元格合并为一个单元格，内容水平居中，计算"总计"行的内容，将工作表命名为"费用支出情况表"。

	A	B	C	D
1	公司费用支出情况表（万元）			
2	年度	房租	水电	人员工资
3	1998年	17.81	15.62	34.34
4	1999年	23.43	18.25	41.21
5	2000年	28.96	29.17	45.73
6	总计			

图 6-30　费用支出情况表

（2）打开工作簿文件 EXC. xlsx（内容同第 2 套电子表格题（2）中的 EXC. xlsx 文件），对工作表"选修课程成绩单"内的数据清单的内容进行分类汇总（提示：分类汇总前先按主要关键字"课程名称"升序排序），分类字段为"课程名称"，汇总方式为"平均值"，汇总项为"成绩"，汇总结果显示在数据下方，将执行分类汇总后的工作表还保在 EXC. xlsx 工作簿文件中，工作表名不变。

第 4 套

（1）打开工作簿文件 EXCEL. xlsx，如图 6-31 所示，将工作表 Sheet1 的 A1:D1 单元格合并为一个单元格，内容水平居中，计算"金额"列的内容（金额＝单价×订购数量），将工作表命名为"图书订购情况表"。

	A	B	C	D
1	某书库图书订购情况表			
2	图书名称	单价	订购数量	金额
3	高等数学	15.6	520	
4	数据结构	21.8	610	
5	操作系统	19.7	549	

图 6-31　图书订购情况表

（2）打开工作簿文件 EXC. xlsx（内容同第 2 套电子表格题（2）中的 EXC. xlsx 文件），对工作表"选修课程成绩单"内的数据清单的内容进行分类汇总（提示：分类汇总前先按主要关键字"课程名称"升序排序），分类字段为"课程名称"，汇总方式为"计数"，汇总项为"课程名称"，汇总结果显示在数据下方，将执行分类汇总后的工作表还保存在 EXC. xlsx 工作簿文件中，工作表名不变。

第 5 套

（1）打开工作簿文件 EXCEL. xlsx，如图 6-32 所示，将工作表 Sheet1 的 A1:D1 单元格合并为一个单元格，内容水平居中，计算"增长比例"列的内容（增长比例＝（当年销量－去年销量）/去年销量），将工作表命名为"近两年销售情况表"。

	A	B	C	D
1	某企业产品近两年销售情况表			
2	产品名称	去年销量	当年销量	增长比例
3	A12	246	675	
4	B32	187	490	
5	C65	978	1200	

图6-32 近两年销售情况表

（2）选取"近两年销售情况表"的"产品名称"列和"增长比例"列的单元格内容，建立"簇状圆锥图"，*x* 轴上的项为"产品名称"，图表标题为"近两年销售情况图"，插入到表的 A7：E18 单元格区域内。

第6套

（1）打开考生文件夹下 EXC.xlsx 文件，如图6-33所示，将 Sheet1 工作表的 A1:D1 单元格合并为一个单元格，水平对齐方式设置为居中；计算各种设备的销售额（销售额＝单价×数量，单元格格式数字分类为货币，货币符号为¥，小数点位数为0），计算销售额的总计（单元格格式数字分类为货币，货币符号为¥，小数点位数为0）；将工作表命名为"设备销售情况表"。

	A	B	C	D
1	某公司年设备销售情况表			
2	设备名称	数量	单价	销售额
3	微机	36	6580	
4	MP3	89	897	
5	数码相机	45	3560	
6	打印机	53	987	
7			总计	

图6-33 设备销售情况表

（2）选取"设备销售情况表"的"设备名称"和"销售额"两列的内容（"总计"行除外）建立"簇状棱锥图"，*x* 轴为设备名称，标题为"设备销售情况图"，不显示图例，网络线分类（*x*）轴和数值（*z*）轴显示主要网格线，将图插入到工作表的 A9:E22 单元格区域内。

第7套

（1）打开考生文件夹下 EXC.xlsx 文件，如图6-34所示，将 Sheet1 工作表的 A1:D1 单元格合并为一个单元格，水平对齐方式设置为居中；计算"总计"行的内容和"人员比例"列的内容（人员比例＝数量/数量的总计，单元格格式的数字分类为百分比，小数位数为2），将工作表命名为"人力资源情况表"。

	A	B	C	D
1	某企业人力资源情况表			
2	人员类型	数量	工资额度（万元）	人员比例
3	市场销售	42	31.5	
4	研究开发	83	67.8	
5	工程管理	56	40.1	
6	售后服务	49	35.6	
7	总计			

图6-34 人力资源情况表

（2）选取"人力资源情况表"的"人员类型"和"人员比例"两列的内容（"总计"行内容

除外）建立"分离型三维饼图"，标题为"人力资源情况图"，不显示图例，数据标签为"显示百分比及类型名称"，将图插入到工作表的 A9:D20 单元格区域内。

第 8 套

（1）在考生文件夹下打开 EXC.xlsx 文件，如图 6-35 所示：①将 Sheet1 工作表的 A1:E1 单元格合并为一个单元格，水平对齐方式设置为居中；计算各单位三种奖项的合计，将工作表命名为"各单位获奖情况表"。②选取"各单位获奖情况表"的 A2:D8 单元格区域的内容建立"簇状柱形图"，x 轴为单位名，图表标题为 "获奖情况图"，不显示图例，显示数据表和图例，将图插入到工作表的 A10:E25 单元格区域内。

	A	B	C	D	E
1	某竞赛获奖情况表				
2	单位	一等奖	二等奖	三等奖	合计
3	A	14	48	39	
4	B	18	26	24	
5	C	22	36	48	
6	D	26	25	26	
7	E	24	18	22	
8	F	21	25	28	

图 6-35　各单位获奖情况表

（2）打开工作簿文件 EXA.xlsx，如图 6-36 所示，对工作表"数据库技术成绩单"内数据清单的内容按主要关键字"系别"的降序次序和次要关键字"学号"的升序次序进行排序（将任何类似数字的内容排序），对排序后的数据进行自动筛选，条件为"考试成绩大于或等于 80 并且实验成绩大于或等于 17"，工作表名不变，工作簿名不变。

	A	B	C	D	E	F
1	系别	学号	姓名	考试成绩	实验成绩	总成绩
2	信息	991021	李新	77	16	77.6
3	计算机	992032	王文辉	87	17	86.6
4	自动控制	993023	张磊	75	19	79
5	经济	995034	郝心怡	86	17	85.8
6	信息	991076	王力	91	15	87.8
7	数学	994056	孙英	77	14	75.6
8	自动控制	993021	张在旭	60	14	62
9	计算机	992089	金翔	73	18	76.4
10	计算机	992005	扬海东	90	19	91
11	自动控制	993082	黄立	85	20	88
12	信息	991062	王春晓	78	17	79.4
13	经济	995022	陈松	69	12	67.2
14	数学	994034	姚林	89	15	86.2
15	信息	991025	张雨涵	62	17	66.6
16	自动控制	993026	钱民	66	16	68.8
17	数学	994086	高晓东	78	15	77.4
18	经济	995014	张平	80	18	82
19	自动控制	993053	李英	93	19	93.4
20	数学	994027	黄红	68	20	74.4

图 6-36　数据库技术成绩表

第9套

（1）在考生文件夹下打开 EXCEL.xlsx 文件，如图 6-37 所示，将 Sheet1 工作表的 A1:F1 单元格合并为一个单元格，内容水平居中；用公式计算"总计"列的内容和"总计"列的合计，用公式计算所占百分比列的内容（所占百分比 = 总计/合计），单元格格式的数字分类为百分比，小数位数为 2，将工作表命名为"植树情况统计表"，保存 EXCEL. xlsx 文件。

	A	B	C	D	E	F
1	某公园植树情况统计表					
2	树种	2002年	2003年	2004年	总计	所占百分比
3	杨树	125	150	165		
4	油松	90	108	85		
5	银杏	85	90	75		
6	合计					

图 6-37　植树情况统计表

（2）选取"植树情况统计表"的"树种"列和"所占百分比"列的内容（不含合计行），建立"三维饼图"，标题为"植树情况统计图"，数据标签为"显示百分比及类别名称"，不显示图例，将图插入到表的 A8:D18 单元格区域内，保存 EXCEL.xlsx 文件。

第10套

（1）在考生文件夹下打开 EXCEL.xlsx 文件，如图 6-38 所示：①将 Sheet1 工作表的 A1:E1 单元格合并为一个单元格，内容水平居中；计算"同比增长"列的内容（同比增长 =（07 年销售量 − 06 年销售量）/06 年销售量，百分比型，保留小数点后 2 位）；如果"同比增长"列内容"高于或等于 20%"，在"备注"列内给出信息"较快"，否则为一个空格（利用 IF 函数）。②选取"月份"列（A2:A14）和"同比增长"列（D2:D14）数据区域的内容建立"带数据标记的折线图"，标题为"销售同比增长统计图"，清除图例；将图插入到表的 A16:F30 单元格区域内，将工作表命名为"销售情况统计表"，保存 EXCEL.xlsx 文件。

	A	B	C	D	E
1	某产品近两年销量统计表（单位:个）				
2	月份	07年	06年	同比增长	备注
3	1月	187	145		
4	2月	89	67		
5	3月	102	78		
6	4月	231	190		
7	5月	345	334		
8	6月	478	456		
9	7月	333	298		
10	8月	212	176		
11	9月	265	199		
12	10月	167	123		
13	11月	156	132		
14	12月	90	85		

图 6-38　销售情况统计表

（2）打开工作簿文件 EXC.xlsx，对工作表"图书销售情况表"内数据清单的内容按主要关键字"经销部门"的降序次序和次要关键字"季度"的升序次序进行排序，对排序后的数据进行高级筛选（在数据表格前插入 3 行，条件区域设在 A1:F2 单元格区域），条件为"社科类图书且销售量排名在前二十名"，工作表名不变，保存 EXC.xlsx 工作簿。

	A	B	C	D	E	F
1	某图书销售公司销售情况表					
2	经销部门	图书类别	季度	数量(册)	销售额(元	销售量排名
3	第3分部	计算机类	3	124	8680	42
4	第3分部	计算机类	4	157	10990	41
5	第2分部	社科类	1	167	8350	40
6	第2分部	社科类	1	178	8900	39
7	第1分部	计算机类	4	187	13090	38
8	第3分部	社科类	3	189	9450	37
9	第2分部	计算机类	4	196	13720	36
10	第2分部	计算机类	1	206	14420	35
11	第2分部	社科类	2	211	10550	34
12	第3分部	计算机类	1	212	14840	33
13	第3分部	社科类	4	213	10650	32
14	第2分部	社科类	3	218	10900	31
15	第2分部	社科类	4	219	10950	30
16	第2分部	少儿类	1	221	6630	29
17	第2分部	计算机类	3	234	16380	28
18	第3分部	社科类	2	242	7260	27
19	第2分部	计算机类	2	256	17920	26
20	第3分部	社科类	3	287	14350	24
21	第1分部	社科类	4	287	14350	24
22	第3分部	社科类	1	301	15050	23
23	第3分部	少儿类	1	306	9180	22
24	第2分部	少儿类	2	312	9360	21
25	第3分部	少儿类	2	321	9630	20
26	第1分部	计算机类	3	323	22610	19
27	第3分部	计算机类	4	324	22680	17
28	第1分部	社科类	3	324	16200	17
29	第1分部	计算机类	4	329	23030	16
30	第1分部	少儿类	4	342	10260	15
31	第3分部	计算机类	2	345	24150	13
32	第1分部	计算机类	1	345	24150	13
33	第1分部	少儿类	3	365	10950	12
34	第3分部	计算机类	3	378	26460	11
35	第2分部	计算机类	4	398	27860	10
36	第1分部	计算机类	2	412	28840	9
37	第2分部	少儿类	4	421	12630	8
38	第3分部	少儿类	4	432	12960	7
39	第3分部	少儿类	3	433	12990	6
40	第1分部	社科类	2	435	21750	5
41	第2分部	少儿类	3	543	16290	4
42	第1分部	社科类	1	569	28450	3
43	第1分部	少儿类	2	654	19620	2
44	第1分部	少儿类	1	765	22950	1

图 6-39　某图书销售公司销售情况表

附录1 全国计算机等级考试一级 MS Office 考试大纲 （2013年版）

基本要求

1. 具有微型计算机的基础知识（包括计算机病毒的防治常识）。

2. 了解微型计算机系统的组成和各部分的功能。

3. 了解操作系统的基本功能和作用，掌握 Windows 的基本操作和应用。

4. 了解文字处理的基本知识，熟练掌握文字处理软件 Word 的基本操作和应用，熟练掌握一种汉字（键盘）输入方法。

5. 了解电子表格软件的基本知识，掌握电子表格软件 Excel 的基本操作和应用。

6. 了解多媒体演示软件的基本知识，掌握演示文稿制作软件 PowerPoint 的基本操作和应用。

7. 了解计算机网络的基本概念和因特网（Internet）的初步知识，掌握 IE 浏览器软件和 Outlook Express 软件的基本操作和使用。

考试内容

一、计算机基础知识

1. 计算机的发展、类型及其应用领域。

2. 计算机中数据的表示、存储与处理。

3. 多媒体技术的概念与应用。

4. 计算机病毒的概念、特征、分类与防治。

5. 计算机网络的概念、组成和分类；计算机与网络信息安全的概念和防控。

6. 因特网网络服务的概念、原理和应用。

二、操作系统的功能和使用

1. 计算机软、硬件系统的组成及主要技术指标。

2. 操作系统的基本概念、功能、组成及分类。

3. Windows 操作系统的基本概念和常用术语，如文件、文件夹、库等。

4. Windows 操作系统的基本操作和应用。

（1）桌面外观的设置，基本的网络配置。

（2）熟练掌握资源管理器的操作与应用。

（3）掌握文件、磁盘、显示属性的查看、设置等操作。

（4）中文输入法的安装、删除和选用。

（5）掌握检索文件、查询程序的方法。

（6）了解软、硬件的基本系统工具。

三、文字处理软件 Word 的功能和使用

1. Word 的基本概念基本功能和运行环境、启动和退出。

2. 文档的创建、打开、输入、保存等基本操作。

3. 文本的选定、插入与删除、复制与移动、查找与替换等基本编辑技术；多窗口和多文档的编辑。

4. 字体格式设置、段落格式设置、文档页面设置、文档背景设置和文档分栏等基本排版技术。

5. 表格的创建、修改；表格的修饰；表格中数据的输入与编辑；表格中数据的排序和计算。

6. 图形和图片的插入；图形的建立和编辑；文本框、艺术字的使用和编辑。

7. 文档的保护和打印。

四、电子表格软件 Excel 的功能和使用

1. 电子表格的基本概念和基本功能，Excel 软件的基本功能、运行环境、启动和退出。

2. 工作簿和工作表的基本概念和基本操作，工作簿和工作表的建立、保存和退出；数据输入和编辑；工作表和单元格的选定、插入、删除、复制、移动；工作表的重命名和工作表窗口的拆分和冻结。

3. 工作表的格式化，包括设置单元格格式，设置列宽和行高，设置条件格式，使用样式、自动套用模式和使用模板等。

4. 单元格绝对地址和相对地址的概念，工作表中公式的输入和复制，常用函数的使用。

5. 图表的建立、编辑和修改以及修饰。

6. 数据清单的概念，数据清单的建立，数据清单内容的排序、筛选、分类汇总,数据合并,数据透视表的建立。

7. 工作表的页面设置、打印预览和打印,工作表中链接的建立。

8. 保护和隐藏工作簿和工作表。

五、演示文稿制作软件 PowerPoint 的功能和使用

1. 中文 PowerPoint 的功能、运行环境、启动和退出。

2. 演示文稿的创建、打开、关闭和保存。

3. 演示文稿视图的使用,幻灯片基本操作（版式、插入、移动、复制和删除）。

4. 幻灯片基本制作（插入及格式化文本、图片、艺术字、形状、表格等）。

5. 演示文稿主题选用与幻灯片背景设置。

6. 演示文稿放映设计（动画设计、放映方式、切换效果）。

7. 演示文稿的打包和打印。

六、因特网（Internet）的初步知识和应用

1. 了解计算机网络的基本概念和因特网的基础知识,主要包括网络硬件和软件，TCP/ IP 的工作原理,以及网络应用中常见的概念，如域名、IP 地址、DNS 服务等。

2. 能够熟练掌握浏览器、电子邮件的使用和操作。

考试方式

1. 采用无纸化考试，上机操作。考试时间为 90 分钟。

2. 软件环境：Windows 7 操作系统、Microsoft Office 2010 办公软件。

3. 在指定时间内，完成下列各项操作。

（1）选择题（计算机基础知识和网络的基本知识）（20 分）。

（2）Windows 操作系统的使用（10分）。

（3）Word 操作（25分）。

（4）Excel 操作（20分）。

（5）PowerPoint 操作（15分）。

（6）浏览器（IE）的简单使用和电子邮件收发操作（10分）。

附录 2　全国计算机等级考试二级 MS Office 高级应用考试大纲（2013 版）

基本要求

1. 掌握计算机基础知识及计算机系统组成。
2. 了解信息安全的基本知识，掌握计算机病毒及防治的基本概念。
3. 掌握多媒体技术基本概念和基本应用。
4. 了解计算机网络的基本概念和基本原理，掌握因特网网络服务和应用。
5. 正确采集信息并能在文字处理软件 Word、电子表格处理软件 Excel、演示文稿制作软件 PowerPoint 中熟练应用。
6. 掌握 Word 的操作技能，并熟练编制文档。
7. 掌握 Excel 的操作技能，并熟练进行数据计算及分析。
8. 掌握 PowerPoint 的操作技能，并熟练制作演示文稿。

考试内容

一、计算机基础知识

1. 计算机的发展、类型及其应用领域。
2. 计算机软硬件系统的组成及主要技术指标。
3. 计算机中数据的表示与存储。
4. 多媒体技术的概念与应用。
5. 计算机病毒的特征、分类与防治。
6. 计算机网络的概念、组成和分类；计算机与网络信息安全的概念和防控。
7.因特网网络服务的概念、原理和应用。

二、Word 的功能和使用

1. Microsoft Office 应用界面使用和功能设置。
2. Word 的基本功能，文档的创建、编辑、保存、打印和保护等基本操作。
3. 设置字体和段落格式、应用文档样式和主题、调整页面布局等排版操作。
4. 文档中表格的制作与编辑。
5. 文档中图形、图像（片）对象的编辑和处理，文本框和文档部件的使用，符号与数学公式的输入与编辑。
6. 文档的分栏、分页和分节操作，文档页眉、页脚的设置，文档内容引用的操作。
7. 文档的审阅和修订。
8. 利用邮件合并功能批量制作和处理文档。
9. 多窗口和多文档的编辑，文档视图的使用。
10. 分析图文素材，并根据需求提取相关信息引用到 Word 文档中。

三、Excel 的功能和使用

1. Excel 的基本功能，工作簿和工作表的基本操作，工作视图的控制。

2. 工作表数据的输入、编辑和修改。

3. 单元格格式化操作、数据格式的设置。

4. 工作簿和工作表的保护、共享及修订。

5. 单元格的引用，公式和函数的使用。

6. 多个工作表的联动操作。

7. 迷你图和图表的创建、编辑与修饰。

8. 数据的排序、筛选、分类汇总、分组显示和合并计算。

9. 数据透视表和数据透视图的使用。

10. 数据模拟分析和运算。

11. 宏功能的简单使用。

12. 获取外部数据并分析处理。

13. 分析数据素材，并根据需求提取相关信息引用到 Excel 文档中。

四、PowerPoint 的功能和使用

1. PowerPoint 的基本功能和基本操作，演示文稿的视图模式和使用。

2. 演示文稿中幻灯片的主题设置、背景设置、母版制作和使用。

3. 幻灯片中文本、图形、SmartArt、图像（片）、图表、音频、视频、艺术字等对象的编辑和应用。

4. 幻灯片中对象动画、幻灯片切换效果、链接操作等交互设置。

5. 幻灯片放映设置，演示文稿的打包和输出。

6. 分析图文素材，并根据需求提取相关信息引用到 PowerPoint 文档中。

考试方式

采用无纸化考试，上机操作。

考试时间：120 分钟。

软件环境：操作系统 Windows 7。

办公软件 Microsoft Office 2010。

1. 选择题（计算机基础知识）（20 分）。

在指定时间内，完成下列各项操作。

2. Word 操作（30 分）。

3. Excel 操作（30 分）。

4. PowerPoint 操作（20 分）。